U0093945

新手創業
第1年就賺錢

李天龍 著

為新手老闆
量身訂做的
創業寶典

「將來要做什麼？」從小到大的師長相信一定都會問你這句話，而大多數的人，其實根本對自己的將來茫茫然，只知道要認真讀書，一直到考上大學，總算達到求學的一個段落，不過，一旦要面對社會上工作的挑戰時，許多人卻往往卻步，心想著：現在大學畢業生多的很，不如再讀個碩士好了，結果造就的結果是：現在的碩士生也多的很。

　　假如讀完碩士後，認為還不能夠與人競爭的話，將來也許博士生也會像現在一樣，滿街都是博士的身影，我認為，除非是非常好學，或是覺得還想學的更精通，才需要繼續進修，不然的話，年輕人是應該越早進入社會工作，盡可能累積工作經驗。

　　既然早晚都要工作，那就不如早點進入社會工作，一方面年輕人因為年齡較輕，有本錢在可以一開始就承受失敗，另一方面，提早工作會有所得收入，而且工作經驗可快速使人成長，而繼續唸書的話，只是讓支出繼續增加，可是你本身真正的學問卻沒有成正比增長。

社會學

　　在學校裡，你不會學到如何接受上司的責備，不會面對每個月的業績壓力，不會遇到同事間的彼此競爭，更不會看到客戶的冷言以對，而這些經驗，卻是在工作中才能學會的「社會學」，因此你現在若還是悶在學校修碩士或攻讀博士，那真的還不如出校門，來攻讀「社會學碩士」或「社會學博士」。

　　要適應社會，是要靠實際去行動的，而不只是限於苦讀書本上的知識，例如在投資理財上，即使你是會計師，或是在學校裡就考到了好幾張金融證照，在投資的起跑點上，你並沒有比別人多跑幾步，那些書本知識了不起，只是讓你看清楚「操場上的跑道」而已。

重新起跑

　　進入社會後，不只將會面對許多與學校不同的人事物，對於自己人生中的職場規劃、財務規劃、進修計畫，都需要時時再重新去修正和改進，對剛畢業的學生來說，進入社會可說獲得了另一個重生。

　　無論過去在學校的成績如何，進入職場後，大家的起跑線都是一樣的，只要你能進公司，老闆看的是你現在的工作表現，而不是過去在學校成績的優異，因此若你是過去在學校裡成績不理想的學生，進入職場將是你另一個重新開始的好機會。

Contents 目錄

Part 4

領導者 075

Part 5

勇敢追夢 107

Contents 目錄

Part 1

為何你需要創業

身為職場新人，不妨多展現熱情有禮、積極負責
的一面，成為辦公室裡的開心果。

創業，
是**開源**的**另一條路**

■ 想要讓財富增加，必須回歸老祖宗的智慧：「開源節流」。

　　當物價在某一時段內，以相當幅度一波波且持續性地漲價，則會對整個社會造成困擾。例如臺灣目前「萬物皆上漲，唯有薪水不會漲」的情況，讓人民深感荷包縮水的壓力，當然很難掏錢消費，貨幣往來即呈現停滯的狀態，國內的經濟市場自然呈現萎縮的狀態。

如何累積個人財富

　　想要讓財富增加，必須回歸老祖宗的智慧：「開源節流」。可是緊抱著辛苦賺來的血汗錢不放，雖然可以視為「節流」，卻不會讓自己變成更有錢的人，因為幣值很可能被通貨膨脹的速度吃掉。當然有些較為積極的人，願意選擇在不上班的時間兼職，以此賺取外快。但如果不知道如何運用這些收入，終究只能眼睜睜看著自己的血汗錢越來越不值錢。

　　銀行定存或儲蓄險，或許是一個可行之道。可是以臺灣共36間銀行的平均利率看來，三年期定存的固定利率僅有1.429%。不論以單利或複利計算，獲得的報酬是否值得，有時候見仁見智。但對大部分人來說，不見得認為利息可以抵抗通膨的成長速度，因此部分專家學者不認為把錢放銀行就是累積財富好方法。

　　當然有人轉而購買基金、股票、外匯、期貨、房地產、黃金……等等，企圖透過限額投資獲得報酬——「錢滾錢」的「開源」概念，是當今常見的理財觀念。相對缺點則是若非有研究的人，很可能進場後大賠退場，所以對於某些心態較為保守的投資人來說，也並不是那麼適合。

　　想要創造財富，難道就沒有其他方法了嗎？

　　2011年，擁有多張證照的電腦工程師任海維，轉行賣起滷味；2013年，台中一家剛開幕的炸雞排攤，老闆宋耿郎竟是頂著政治大學博士生高學歷的知識分子；72年次的柯梓凱，從2006年開始，以攤車創業賣茶飲，至今全台分布至少120家店，事業版圖甚至擴及馬來西亞、印尼與中國；另一對同樣是七年級生的情侶，頂著世新大學畢業的學歷，靠三萬元起家賣蔥抓餅，一天工作7小時，兩個月回本，至今收入比上班族還穩定。

　　創業和前述的投資手法比起來，不只入門門檻較低（三萬元就能靠賣蔥抓餅白手起家），而且不一定需要耗費大量心力全盤了解複雜的市場機制——著重個人或產品優勢，殺出一條血路

者所在多有；最重要的是，小型創業如果不在意天花板效應，也沒有遇上大社會及經濟結構的巨變，事業穩定成長獲利潤持平的可能性相對較高，而不用因為一秒鐘幾十萬上下提心吊膽不已。

可是我們也要知道，雖然這些案例看起來讓人很心動，但另一方面，臺灣每年，甚至每天因為創業失利而退出市場的人，遠比這些成功案例還多，所以創業並不如我們想像的那麼輕鬆。一如網路上流傳著一名鴻海工程師質問郭台銘的文章《為什麼爆肝的是我，首富卻是你？》

郭台銘先生如此回答：
「第一：三十年前我創建鴻海的時候，賭上全部家當，不成功便成仁；而你只是寄出幾十份履歷表後來鴻海上班，而且隨時可以走人。」

「第二：我選擇從連接器切入市場，到最後跟Apple合作，是因為我眼光判斷正確；而你在哪個部門上班，是因為學歷和考試被分配的。」

「第三：我24小時都在思考如何創造利潤，每一個決策都可能影響數萬個家庭生計，與數十萬股民的權益；而你只要想甚麼時候下班，跟照顧好你的家庭。」

雖然我們可以從這段對話看見創業的艱辛，卻不代表創業必須開拓成像鴻海這般的大型企業，可以視個人狀態彈性調整；

但鴻海絕對是從創業起家的。不論你是對未來充滿熱情,或是自認具有極佳條件,還是試圖改變現有生活的人,即使世事有一好沒二好,起碼「創業」很公平地給我們每個人至少一次扭轉乾坤的機會。

　　要知道「機會永遠留給準備好的人」。所以創業前勢必做好全面分析,才能「知己知彼,百戰百殆」。

有錢人的心靈雞湯

　　「錢滾錢」的「開源」概念,是當今常見的理財觀念。相對缺點則是若非有研究的人,很可能進場後大賠退場

你**適合創業**嗎？

> ■ 正如人們說「失敗者沒有抱怨的理由」，源於不懂得自我反省及改進，只能重蹈失敗的覆轍。

　　如果創業是累積財富的另一種方向，當然沒有人希望失敗。不過既然必須從「坐而言不如起而行」開始，當然要先檢視自己「適不適合」創業。

　　根據諸多專家學者的歸納，以下幾種人基於各種條件，創業失敗的機率較高。當然，如果可以從中改掉那些招致失敗的原因，恭喜你，這就是你為了創業跨出去的第一步。

創業失敗的高風險族群

族群1：應屆畢業生

　　優點：人生有夢最美。學生永遠是對未來最具熱情與夢想的人——回想我們還在念書的時代，不論將來的目標是甚麼，我們都認為「努力就有回收」是工作的遊戲規則。然後好不容易畢

業、正式踏足社會了，終於有機會施展抱負，未來一定越來越美好……這種雀躍，是學生的專利。所以就算創業後的報酬不如預期，也澆不息他們心中那股熱情。

沒有包袱的負擔，亦是學生有利的優勢。與已婚或必須撫養長輩的上班族相較，「一人飽就是全家飽」是他們的寫照，所以學生不需要顧慮創業失敗後，配偶與小孩該何去何從的問題，自然更有破釜沉舟、放手一搏的心理準備。

缺點：實務經驗不足。失業率居高不下，讓許多學生面臨「畢業即失業」的窘境，因此有人呼籲學生創業以解決就業困難。但事實真是如此嗎？學生創業最容易失敗的原因，即「夢想大多不脫幻想的範圍」。例如學生發下當國際名導的宏願，但不一定知道該怎麼做、做甚麼才能達到這個目的。有目標固然是好事，但創業非兒戲，並不能靠嘴上功夫就做出事業。

另一個原因與臺灣現階段教育有關。若非產學合作的學校，許多人畢業後往往發現課本教的和實務操作不同，就算是有工作經驗的學生亦然。

首先必須知道，「學生」是一種多數人認為應予以特別優惠的身分，本分當為「把書讀好」。所以多數雇主聘用學生時，也只會交辦簡單的庶務，像是打字、報表製作……等。又如曾在咖啡廳打工而知道飲料、餐點如何製作的學生，可能因此打算畢業後開一間自己的咖啡廳，卻不曾認真評估該向哪個廠商叫貨、

材料成本及數量估算；或是在手搖杯飲料店打工的學生，也鮮少能一窺行銷優惠與展店策略的秘密，當然無法接觸經營公司的核心運作。更遑論許多關於創業的事前功課，包括管理經驗、人脈、眼界……等等，通常是進入職場後才具備這些能力。

族群2：上班族

優點：實務能力、產業知識一應俱全。大部分人離開學校後，通常會選擇較為安穩的雇員職涯。應徵工作時之所以願意讓老闆支薪雇請，原因不出具有某些特殊專業（例如電腦工程師）、工作所需的個人特質（例如業務需要外向、大方、活潑）、或是令人值得肯定的工作經驗。

雖然滿足以上三個條件，並不代表具有創業的基礎，但卻給了我們擴充經驗、人脈、眼界、資源……等等創業所需條件的門票。

正式踏足社會後，失去了「學生」身分的保護傘，工作內容除了完成主管交辦的任務，尚要考慮如何將工作盡善盡美，以為公司創造更大的利潤與價值，接觸的工作事項更複雜，例如新案提報、業務洽談。因此工作一段時間後，不但對投身的產業具有相當程度的了解，思考事情的模式也被「訓練」得更實際，是影響創業能否成功的致勝點。

缺點：不一定具有當責心態及危機處理能力。「上班族」的身份之所以為許多人的選擇，最大的特徵就在於工作穩定，每

個月也有固定薪水可領，而不像自由業或從商人士那般收入不穩定；再加上上班族多以完成主管交代的工作為主，出了差錯的責任多由主管一肩扛起，甚至同事間還會互相推諉卸責，因為沒人想當主管眼中那個「連工作都處理不好」的壞員工。

不論是獨資或融資起家的創業模式，成敗只能由個人承擔，往往與多數上班族「只求有工作得以溫飽」心態完全不同。

其次，上班族的工作內容多為「一定範圍內、以同一套SOP即可完成任務」。例如行政櫃台的職責大多不出收發電子郵件、接聽電話、招待客戶、報表製作……等範圍；就算偶有突發意外，也能在「不至於讓工作不保」的前提下多花一點心力解決。但是反觀創業時，勢必產生各種應變不及的情況。

即使只是個小問題，也沒有一套「只要跟著做就對了」的SOP可參考，只能仰賴個人智慧解決。一但延誤或處理失當，很可能從此鑄下大錯，以致動搖個人事業的案例所在多有。當然，此處僅從「大部分」上班族的情況分析，並非所有人都如此。

族群3：中年失業

優點：工作累積的經歷，造就卓越的創業條件。職場中有「25歲起跑，35歲起飛」一說。這十年的光陰，就是人們常說的「黃金十年」，意義與「先苦後甘」有異曲同工之妙──剛踏入社會職場的新鮮人若如果只知道著重眼前的利益，例如工作只求溫飽，卻不願意花時間學習更多專業知識、拓展人脈，也不願

意嚴厲要求自己的工作表現，當然很難嶄露頭角，甚至十年後還很有可能停留在基層員工的水準。所有的工作都需要長久的耕耘以累積工作經驗及經歷，所以人們通常不太建議頻繁換工作。

只要確認自己的工作興趣與方向並加以堅持，日積月累下來，不但可以擁有自己的代表作，也因為每種行業的圈子都很小，得以累積個人名氣、彰顯個人價值；對於該產業的操作、走向……等專業知識，自然比別人懂得更多，是「黃金十年」之所以寶貴的原因。

十年之後，「年齡」成為中年族群的另一種武器——高層不太可能拔擢初入公司一、兩年的員工為主管，但35歲的年紀卻非常適合，無疑為自己開了一扇開拓眼界的窗：觀察事物的角度、高度與態度，當然不能與一般職員同日而喻。

反而更接近決策者，所以工作內容的難度越來越高，無疑為創業的先修班。不論從專業領域、個人眼界、解決問題的能力及成熟度而言，中年族群都是非常適合的人選。

缺點：創業不能只憑一口氣。雖然「化危機為轉機」這句話沒錯，但是對於試圖以創業扭轉乾坤的中年失業族群而言，恐怕不是正確的選擇。中年失業固然是所有人都不樂見的情況，但不論是全球景氣衰退導致公司不得不裁員，或是自己的能力的確無法應付工作所需而被辭退，常讓中年失業者備受打擊，尤以男性為最。

　　雖然中年族群擁有不少優勢的創業籌碼，但很多中年創業者，有時候並非出於熱情，而是為了爭一口氣，試圖證明給親朋好友看看自己的實力，才鋌而走險選擇創業一途，卻忽略了創業所需的條件不只是專業能力好不好、人脈廣不廣、經驗豐不豐富而已，還要更多「身為上班族」沒辦法學到的事，諸如精準的判斷眼光，才能找出商品賣點；研判市場風向，談判時才能說服對方；對商場的敏銳度，才能擬定優秀的行銷策略……等等。

　　更何況一個中年失業的人，可能根本不確定為什麼被資遣。如果是個人能力不足的關係便貿然投資，豈不是要求不會走路的小孩先學會奔跑？是本末倒置的行為。

　　另外一種人則是因為自認懷才不遇，例如與公司理念不合、和同事／主管相處不愉快、努力工作卻無法得到等值回饋（包括薪水及心理層面得不到滿足）……等等，因此選擇「半途出家」，決定利用現有資源或專長創業。已過而立之年的自己，如果只是得不到少數老闆的青睞，或許情有可原，但工作至少快十年的時間卻總是無法得到老闆認同，若非不知道如何展現個人價值，就是溝通能力有待加強。

　　連老闆都無法說服的人，又怎能在創業後博取客戶信任？況且連職場的現實壓力都無法處理，又怎麼能一廂情願地認為創業可以給自己安慰？正如人們說「失敗者沒有抱怨的理由」，源於不懂得自我反省及改進，只能重蹈失敗的覆轍。真正創業會成功的的人總能活躍於職場，最後才能走出與眾不同的路。

族群4：高階經理人

優點：萬事俱備，只欠東風。身為上班族，莫不希望自己步步高升：組長、主任、課長、經理、處長、協理、副總、總經理、總裁，是較常見的升遷階級。能夠被公司萬中選一成為眾人之上，必定具有絕佳的管理者特質，這也是創業人士不可或缺的條件。

高升的階級這麼多，卻不能將每個階級的主管放在同一個水準檢視，就像「總裁」和「組長」同屬於「高階經理人」的範疇，但不代表後者一定具有勝任總裁的能力。

而且許多公司任命高層幹部時，通常「年紀」也會被列入考量重點——倒不是說年輕人能力不好，但多數公司的決策高層仍以年齡大者為主。一方面是擔心年輕的主管難以讓下屬心服口服（尤其部門內有年紀較長的職員）。

另一方面則是50歲和35歲的人，前者比後者至少多了15年的經驗，對於產業的分析當然更精準，甚至以「爐火純青」來形容也不為過，當然做出的決策較全面周到。因此高階管理的職缺由長者出任，也是很合理的事了。如果說中年族群因為工作累積的經歷，造就卓越的創業條件，那麼高階經理人，就是「萬事俱備，只欠東風」的境界了。

缺點：「管理」不等於「領導」。以臺灣中小企業的發展模式而言，員工人數低於100人的公司為大宗。因此對許多臺灣

雇主來說，只要某人工作表現亮眼（例如業績終年長紅），或是交辦的任務總能如時完成，就達到了老闆想請這個人代為「管理」部門員工的條件，而非看中對方的「領導者」特質。（這種現象其實舉世皆然，肇因於臺灣的企業型態以中小型為主，所以特別嚴重。）

「管理」與「領導」兩者最大的差別，在於前者比較著重知識與技能取向，後者則為氣質與態度取向。舉例而言：當我們還是學生時，班上總有一、兩個風雲人物，往往也是某個小團體的重要核心。

不管這個人說或做了甚麼，和他同一個圈圈的同學就會跟著有樣學樣，甚至擴大成為整個班級的「潮流」，這是領導者特質。反觀班上的重要幹部，像是風紀股長，並不能像這種人一呼百諾地讓大家主動遵守秩序，卻可以公正地記名以維持班上秩序，這就是好的管理者。

「管理」可以透過後天循序漸進地學習，「領導」卻牽涉個人特質，很難模仿，所以團隊中有90%的人是群眾，9%的人適合擔任幹部，僅有1%的人具有領導者的特質。但是以台灣現階段企業老闆只重管理、忽略領導的拔擢前提下，

許多主管只是「比較會做事」的好員工，就像班長通常是課業成績最好的同學一樣，所以這種主管不一定能讓下屬心甘情願地追隨，更不用說凝聚部門向心力以「帶領」團隊了。

其次讓我們回顧一下中國的三國故事：被視為神機妙算的諸葛亮，自主公劉備逝世後，即使其子劉禪是個「扶不起的阿斗」，基於效忠蜀國的意志，諸葛亮仍堅持日理萬機，為了江山大業鞠躬盡瘁，最後下場以現代話解釋就是「過勞死」，導致蜀漢政權的人才斷層，讓「光復漢室」成為空談。

一如孔子所言，師者傳授學問時該因材施教；身為一個領導者，就該掌握「知人善任」的原則：發現部屬的個人特質與長處，再「適才適所」發配合適的任務，而不是像諸葛亮當個「事必躬親」的蜜蜂型領導，不懂得權力下放。

我們可以想見：雖然創業初期的員工數目不會太多，可是當公司規模發展得越來越龐大時，除了員工數量的增加，工作量也必然大增，因此不得不將工作分門別類（也就是「部門」的產生），交由專業人才負責。

此時身為總裁的自己不可能親力親為每一件事，應將重點放在挖掘深具才幹的下游領導者，是創業成功的不二法門——這些往往是臺灣現階段僅具備「管理」能力的主管所缺乏的。

你，做好創業準備了嗎？

■ 創業固然是一道可以改變生活、累積財富的窗，但不是所有人都適合創業。

雖然「熱情」是創業的基本，但是在開始行動前，建議還是進行最後一次謹慎評估，看看自己符合幾個以下的條件並列為待改善的項目，以達事半功倍之效：

個性

沒有人天生下來就注定是成功的創業者，就像沒有人第一次談戀愛就可以上手，所以戀愛次數較多的人，比起只交過一個男/女朋友的人，更知道如何與對方維持良好的互動。即使能與初戀開花結果的人不在少數，一如第一次創業就成功的人仍所在多有，但這些都不影響「創業需要學習」的事實。

如果說「個性決定命運」，那創業成功的「命運」，當然與個性脫不了關係。但我們不用因此氣餒，因為人的個性是可以

經過後天塑造的。這就像社會人士跟學生說「你這種個性出去工作很吃虧」，只有當學生畢業、正式踏入社會的時候才知道「這種個性」有多吃虧，才有可能為了在職場求生改掉陋習。

創業也是同樣的道理。即使許多成功的創業家不停強調「擁有哪些特質或條件的人比較容易創業成功」，但不代表自己沒有這些特質就注定失敗，不如把自己當作虛心求教的學生，總有一天，這位創業的「師者」終將引領我們走上成功之路。

以下幾個是根據社會心理學家歸納出創業較容易失敗的人格特質：

墨守成規

如果還記得前面提過的岔路問題，大部分人出於好逸惡勞的習性而選擇風光明媚的陽光大道，創業無疑代表的是那條看起來陰森險惡的路。既然選擇了這個與眾不同的方向，當然不能妄想複製別人已經用過的那套舊把戲而一夜致富。

但是既然創業是變化多到難以預測的事，即使事前規劃再精細，還是會發生「計畫永遠趕不上變化」的突發狀況，因此只有具備「冒險精神」的人，才有「承擔風險」的勇氣，面對嶄新的挑戰，創造出令人耳目一新的企業。

感情用事

每個人都有情緒，但是商場可不能因為討厭某個人或事而斷絕往來，因此所作所為都需要理智思考的精打細算，才能走出穩操勝算的贏面。例如前幾年三星（Sumsang）與蘋果互告專利侵權，新聞鬧得沸沸揚揚。但在這之前，兩大企業可是合作無間的好夥伴。而且專利官司之後，蘋果又化解了專利爭議，有意與三星重啟合作。

又如我們轉換工作時，即使對上一間公司再不滿，通常也不會把場面弄得太難堪，是為了自己的將來「留退路」。何況商場沒有永遠的敵人，若只顧意氣用事卻沒有顧到後果，只會讓企業的路越走越窄。所以如何與合作夥伴「好聚好散」，也是創業人必須左右腦並用的重要議題。

易於自滿

姑且不論新聞報導那些喜歡在化妝室耍大牌的明星一事是真是假，任何閱聽人都會先入為主地給事主扣分；又如國際知名大導演李安，最常被媒體冠上的形容詞就是「謙虛」。這兩個字不只是華人世界講究的道德倫理，也是得以幫我們走上人生巔峰的推手。

別說工作職場上遇到自滿驕傲的人很討厭，許多老闆也常因一己之力打下江山而自滿不已，最後窮困潦倒者不計其數，實

為商場大忌。又如三國故事中的關羽雖然智勇雙全，卻因為「善待卒伍而驕於士大夫」的個性，讓大名鼎鼎的軍師諸葛亮不只與之相處必須特別注意分寸，入川與馬超比武時還要給他高帽子戴才甘心，最後仍不可避免地「大意失荊州」，至今仍洗不去自滿的罪名。因此務必謹記「滿招損，謙受益」六字箴言，別重蹈失敗者的覆轍。

固執己見

如果說世界上沒有絕對的好與壞，固執自有其優缺點。例如2011年10月5日罹癌逝世的蘋果創辦人賈伯斯，在後來出版的自傳中，不難發現蘋果之所以能發展成如此龐大的企業，很大一部分來自他的固執。

他對無數的小細節極端挑剔，完全不在乎他的要求會給產品設計人員帶來多大的困擾；他堅持美學，所以即使大部分人並不會把iPhone拆開一探究竟，他仍然堅持主機板上的每條電路都要筆直。

患得患失

雖然我們都知道世界上從來沒有穩賺不賠這件事，但其實很多人還是用這種不可能的態度看待投資──股票大跌就萬分不甘，以為堅持下去還有翻本的可能，最後在不知不覺中被自我套牢，所以請銀行理專代為投資前，必須先做一份「性向測驗」，

以推論客戶屬於「積極型」還是「穩健型」，用以評估哪些投資管道適合投資人。

既然創業是投資，而且還是「高風險，高報酬」的類型，就更不能因為稍有收穫就欣喜若狂，流於自滿；一遇挫折就一蹶不振。創業家永遠需要保持清醒，不能讓情緒在大起大落中搖擺，才能擔當企業明燈的重責。

夥伴價值觀

人非聖賢，不只不能無過，也無法盡善盡美。但值得我們高興的是，個性不符創業期待，還可以適度修改；或是如前所述，邀請個性上可以相輔相成的朋友加入團隊，建立「諸葛亮與張飛」的合作關係。但是如果雙方價值觀不同──道不同，理應不相為謀，未經審慎評估便貿然與對方合作，很可能埋下失敗的種子。

價值觀是我們判斷事情對錯與輕重緩急的標準，並藉此構築個人觀感及人生目標。例如我們都知道能在茫茫人海中遇到適合的人走上紅毯是緣分，實屬不易。

但天下沒有不吵架的夫妻，只是引起爭執的起點，是因為生活瑣事（例如牙膏一定要從中間擠），還是價值觀的落差（例如先生認為賺錢很重要，太太認為先生應該從工作抽身陪陪自己），往往決定了離婚的必然機率。

如果說創業是結婚，合作夥伴就是另一半。可是公司草創初期，一定有很多需要馬上、立即被解決的事。在這種蠟燭多頭燒的前提下很容易讓人慌了手腳，莫不希望有能之士自告奮勇。如果剛好認識的朋友幫得上忙，多數人不假思索就會招攬對方加入團隊。可是蜜月期過了之後，會發現與對方的摩擦與日俱增。

例如自己只想開一間普通的小公司、日子過得去就好，朋友卻希望做出一番轟動的大事業。此時別說拆夥傷感情，看在對方工作能力的份上，自己都未必捨得讓他走。然後雪球越滾越大，他對公司的批評越來越嚴厲，招聘的員工也不知道從甚麼時候開始分成兩派。即使你極盡包容、妥協，直到最後連自己都忍無可忍，驀然回首，才發現公司以被自己搞成四不像……大概就是「騎虎難下」的寫照。

想要能力好、價值觀也相同的人不是不可能，只是尋人尚需緣分，自己卻不一定有這麼多時間可以被動等待，所以往往擺在眼前的，要嘛不是戰鬥力高昂、但價值觀不合的人，就是戰鬥力不是很高，但價值觀契合的這兩種人。需知顧此失彼乃為兵家大忌，但因為很多人總以為改造價值觀，比花錢花時間讓人學習技能更省力，其實答案剛剛好相反。

創業者必須堅守「價值觀」的底線，因為極高機率會發展成公司未來的「文化」，不可任意更改。尤其在網路發達的21世紀，只要在Facebook、Twitter、blog訴說理念，一定會有志同道合的人聞訊而來。

　　如果真的不幸乏人問津，可能代表自己的抱負不夠吸引人，或是表達能力不夠好，那就修改創業志向或訓練表達，直到自己能夠提出「一呼百諾」的長遠計畫。結婚對象不可兒戲，創業夥伴當然也要「寧缺勿濫」。病急亂投醫的結果，就是賠了夫人又折兵。

親密家人同意了嗎？

　　世俗眼光總認為「找一份穩定的工作，嫁/娶個合適對象，生幾個小孩，有了錢就買車買房，人生平穩順遂過一輩子就好」；特別對很多吃過苦的長輩來說，一點也不想看孩子跟自己一樣吃苦吃到老。

　　尤其對醫師、律師、會計師……這種普遍說來收入較豐厚的職業來說，因為創業絕對是與這些期待背道而馳的道路，反彈聲浪反而最大聲。

　　家人是我們除了同事、老闆之外，最常面對與相處的人。有些人因為無論如何都說服不了家人，選擇硬著頭皮創業。萬事起頭難又得不到支持之餘，還要三不五時接受家人冷言冷語的攻擊，反而把原本應該是最大的助力化為最大的阻力，讓許多創業者飽受身心靈折磨，鎩羽而歸，實為可惜。

　　因此如何說服家人或另一半，是創業人必須突破的第一道關卡，更是打開夢想大門的鑰匙。

　　只要自己信念夠堅定、態度夠積極，一定會有更多志同道合的人或貴人伸出援手。但是當自己被別人的冷言冷語影響產生負面情緒時，時日漸久，等於讓自己深陷這種負面能量的圈圈，只會離成功越來越遠。因此盡可能和這些人保持距離並堅定創業的決心，不要在甚麼都還沒開始前就陷入絕望。

成功關鍵，操之在己

　　並非每個人第一次創業就上手，所以失敗並不可恥，只要再接再厲，機會永遠留給準備好的人。但是當失敗真正來臨時，就要有接受他人批評、嘲笑、比較的心理準備。一方面是家人可能從頭到尾都沒辦法接受違背傳統觀念的冒險行為，等不及自己灰頭土臉的那天，再順勢說服，放棄創業。

　　另一方面，這些討人厭的行為因為只要豪不費力地動動嘴皮，就能建立他人空虛的自信，亦是人性的一部份，所以千萬不能放在心上，否則很容易就此放棄那份對創業的熱情。

　　積極的創業者應該藉此機會檢討失敗的原因、證明自己對夢想的堅持。哪怕克服恐懼的時間需要三年、五年，只要能再次提起創業的勇氣而不再徬徨迷惑，永遠不嫌晚，而且踏出的步伐必定比之前更穩固。因為信念，永遠是創業者最重要的關鍵。

Part 2

在低潮時

不要灰心、更不要放棄，持續找方法解決問題，你會發現，當你勇敢地面對問題後，問題不再那麼可怕。

組織力就是競爭力

■ 工作上不只是手上正要處理的事情這時每個人便非常需要
「組織力」的能力。

　　有一次我們公司要搬家，由於我們只請搬家公司一天的時
間，因此，我們必須要在搬家前，就把所有的物品打包好裝箱，
並且在箱子外面註明裡面裝了什麼。搬家的事前準備算時間充
裕，因為可以有空檔的時候就邊打包，不過在搬家當天，就考慮
到每個人的組織力了。

搬家也要有組織力

　　由於老闆下命令我們只有一天的時間整理，不管當天要拆
箱到多晚，都必須要整理完，因為在搬家的隔天，我們就要在新
辦公室正常辦公。

　　我們在早上就請搬家公司先把所有東西搬到新辦公室，這
時問題來了，由於老闆要跟房東交屋，因此我們有些人先到新辦

公室等他過來。那時箱子和書架還有辦公桌，混亂地堆疊在新辦公室裡，我很擔心如此等待下去，不只浪費時間，而且隔天也一定無法如期開始上班，因此我主張，先拆箱並且把一些可以上架的物品書籍都先整理。

不過這時行銷經理跳出來了，他表示老闆有交代要等他過來才開始整理，我看了一下時間，當時已經下午約2點了，再不拆箱整理，當天晚上可能就要睡在公司了，因此我表示還是要先拆箱整理。

節省時間

因為老闆不在現場，我們必須自己做出最好的判斷，甚至要假設若老闆在現場的話，會如何指揮我們做事，行銷經理不敢違抗老闆的命令，遲遲不肯動作，這時我打電話給老闆，跟他說明我的想法，他也認同我們應該要把能整理的東西就先整理。

於是我們終於開始拆箱整理作業，我把所有人員分組，有拆箱組、上架組、堆疊組。也就是把搬家公司搬運到新公司的紙箱拆箱組負責拆箱，上架組就負責把物品歸類到要上架的地方，而堆疊組就負責把暫時還不急著上架的箱子，先放置一旁。

我們就像一條生產線，各自在自己的崗位上做著拆箱、上架、堆放的動作，如此過了3小時左右，我們已經把所有的物品上架和歸類好，辦公桌也組裝好，這時老闆也剛好到了，他一進辦公室時非常驚訝我們的效率。因為他本來預計我們要整理到9

點，沒想到5點就完全整理好了，不但當天不用加班整理，隔天也可以正常的開始上班。

老闆稱讚了我們一句：「很好，節省了很多時間。」當我聽到這句話時，雖然心中也是很安慰，不過內心卻有了一些想法。

主動思考

經過這次的搬家事件，我發覺到公司內有一些同事如行銷經理等人，完全沒有主動思考的能力，居然會放任現場的混亂，而要等待老闆來親臨指示，若搬家這樣的小事，都要老闆一句一句的下命令，那麼，以後公司的大案子，是要如何委託行銷經理去執行呢？

我認為或許這也是老闆平常的管理風格，他不只會關心大事的進度，對於公司內部的一些小細節，他若看到也都會立即地提醒同仁，久而久之，同仁們任何事都會先去請教老闆，這也造成了工作上的流程經常地延誤。

因此，經過了這次搬家經驗，我跟老闆主動提出，要讓我們員工有一點權限，可以當下決定要如何去解決問題，而下決定的人，就當然要為自己的決定負責，老闆也同意我的看法，並且立即跟同仁宣布他的新政策。

從此之後，我們員工們都有了主動思考的空間，進而可以

想出如何去解決手上的難題,而不必事事都要請教老闆的指示,最後老闆也終於可以回到管理者的角色,只需負責盯著我們最後的成果,再根據結果來分析檢討。

善用行事曆

在工作上有很多很多雜事,不只是手上正要處理的事情,有的是過去的事情要做收尾的動作,有的是未來的事情要做規劃的動作,這時每個人便非常需要「組織力」的能力。

你必須要把很多雜事或混亂的情形,在很短的時間內組織起來,並且馬上想出如何解決,我通常都會列出一個明細表,把最緊急和最重要的事情排在最前面,並且規定自己一定要在某個時間內完成。

工作的行事曆大家幾乎都有在寫,可是寫在上面的事項,你有沒有整理過呢?還是每次紀錄完,隔天後就重新再紀錄新的事項,結果久了之後,寫行事曆也只是形式上的動作而已。

我在行事曆上紀錄事情時,就會預先分類為重要、次要、不重要等事項,並且在紀錄的當下,就直接在事情的旁邊寫下我預計完成的時間,並且每天都會更新,有空時還會稍微檢討一下進度的達成度。

長久下來,我養成在行事曆上詳細紀錄待辦事項,這樣下來不但事情都能夠準時地達成,且處理的時間也越來越短,因為

我已經掌握住把事情在最短的時間內做好SOP，自然可以在同樣的時間下，處理越來越多的事情。

組織力越強越能夠加薪

老闆在觀察一個員工的表現時，不只是看工作的達成度，還會觀察在這當中員工處理事情的邏輯正不正確，並且若同時有很多事情要處理時，這個員工當下的反應如何，都是老闆考量加薪的原因。

記得我剛進公司時，老闆只交代我一個簡單的任務，我第一個月很單純地就把它處理完了，沒想到第二個月老闆交代我5個任務要達成，第三個月老闆交代我10個任務要達成。

幸好我運用我的行事曆來組織這許多的任務，並且都不負老闆所託的達成任務，沒想到過了試用期後，老闆大幅地加了我薪水，因為他觀察到我對事情的冷靜處理和不慌不忙的態度，正是公司所需要的人才。

若你目前正處於「不知為何而忙」的工作狀態，建議你花一點時間，製作你自己的工作行事曆，並且確實地去達成，我相信過一段時間後，工作上的成效一定會顯現出來的。

如何**解除** **工作**壓力

■ 大多數的壓力，我認為是來自於每個人的內心，只要你學
會了如何把壓力轉化為動力，那麼工作上的種種壓力，你
將不會畏懼。

　　在職場上久了每個人多多少少都會有一些壓力，這些壓力
有的來自於長官，有的來自於同事，有的也來自於自己對自己的
期許，面對這麼多的壓力，若不懂得適時地釋放出來的話，那麼
長久下來，將會讓自己在生理和心理上都開始不健康。

壓力的產生

　　為何會產生壓力呢？

　　我認為時間和體力是造成壓力的來源，也就是說，當一件
任務需要在短期內達成，但是你認為還需要更多一點的時間時，
那麼這時候就容易產生壓力。

　　此外，假如你已經付出了很多體力在工作，但是工作上還
沒有成效，那麼你也容易在心理面產生壓力。

人與人之間的關係，也容易造成壓力的產生，有時候老闆的一句責罵，就會讓人感到恐懼，進而讓自己一整天的工作都心神不寧，理所當然的會讓工作的效率完全停頓。

同事之間也很容易產生摩擦，尤其是共同要完成一件任務時，由於每個人都有自己的意見，因此若是稍不謹慎講錯了話，就很容易彼此得罪，而這時若有人情緒控管不好，爆發出脾氣出來，那麼我想那一天所有人都會感受到「工作壓力」了。

正面思考

這麼多的壓力，要如何才能去化解呢？我認為首先在遇到任何負面情緒時，要懂得去正面思考，讓自己可以盡速地擺脫負面情緒，也唯有如此，才能讓自己在職場上越來越有競爭力。

例如當老闆要求你要在一星期內完成一項任務，而這樣的任務在一般的狀況下，大約都要一個月以上的時間才能夠完成，那麼你應該很容易感受到壓力，那麼要如何把這樣的壓力轉換為正面思考呢？

如果是我的話，我會把完成這樣的任務，當成是一項比賽，就類似知名電影影集「誰是接班人」一樣，要在短期間內完成任務，並且任務的成效要超過對手。

因此我不會把時間花在去抱怨老闆沒人性，老是壓榨員工的精力和時間，反而會積極地去找出方法來達成任務。

旅行

　　找個時間去旅行，也是我消除工作壓力的方法之一，原則上，對於旅行的地點，我不會特地選擇，有些地方甚至是我一去再去的，因為我認為值得讓自己身心靈完全放鬆的地方，就是我喜歡去的地方。

　　很多人覺得旅行很花時間和金錢，事實上，我在週末時的旅行，經常是在我家的後山，而平常假日的旅行，則是我家樓下的公園，對我來說，旅行可以不花錢、也能夠有效運用時間的，而這關鍵就在於你有沒有心。

釣魚是林書豪的紓壓方式之一

在旅行中你會不會想到工作上的事呢？

對我來說，即使是出遠門遊玩，我還是會經常想到工作上的一些瑣事，對此我不會刻意地去想出解決方式，只是盡情地享受旅行中的放鬆和恬靜。

而通常很多工作上的難題，就是在這樣的狀況下，讓我找到了解決的妙方。你有多久埋首於工作中，在週末時是在家裡睡覺或看電視呢？

找個地方，好好去玩吧，賺這麼多錢，而不懂得享受生活、享受人生，那賺錢的意義不就完全被扭曲了，不要把自己當成是賺錢機器，好好透過旅行來放鬆自己，很多事情經常會在放鬆的狀況下輕易地被解決。

運動

有科學家研究過，當一個人在運動流汗時，腦神經會激發出一種快樂的化學反應，那種快樂和放鬆的感覺有點類似嗎啡，因此科學家鼓勵人若要長壽或是抒壓，都可以透過運動的方式來進行。

運動的好處多多，對我來說，運動可以讓我保持好的身材，可以讓我的心肺功能強壯，最重要的是，運動可以幫我消除許多工作上的壓力，甚至有時候在職場的一些怒氣，也可以透過運動的方式，慢慢紓解出去。

　　我最喜歡的一項運動是「健走」，也就是比散步快一點，比跑步慢一點的運動，也就是所謂的「Power Walk」，我會選擇這項運動的原因是，我不受時間和空間的限制。

　　我隨時隨地都可以開始運動，我能在上下班的途中健走，我能在見客戶的途中健走，甚至我還能在去買午餐的時候健走，我隨時都能夠開始運動，對我來說，這就是一項很棒的運動。

　　因此，千萬不要再用「很忙、沒時間」的藉口，說你不能去運動了，相反的，你應該積極地利用時間運動，並且透過運動，把你工作上的壓力卸除下來，就我個人的經驗，只要你持續運動三天以上，你就會開始經歷快樂的情緒開始在你體內增長茁壯。

休息

　　通常一陣子忙亂的工作之後，不只會讓人感覺到腦力被榨乾，就連身體也是精疲力竭，這時建議你可以多讓自己休息，因為很多疲累的感覺，是很容易讓人產生負面的想法。

　　所以假設你真的很沒有體力再去運動，那就好好休息吧！讓自己的身體徹底地放鬆，也讓頭腦稍微冷靜一點，我相信在忙碌的工作生活中，一定可以適時地幫你充電再出發。

　　休息分為很多種，休息有可能是小睡片刻，有可能是請假去戶外走一走，也有可能是離開目前的這份工作，讓自己徹底地

離開職場休息，若你是選擇暫時離開職場做一個充分的休息，我也認為是個不錯的選擇。

因為每個人的人生都有不同的階段性，每個人都應該工作一段日子後，就檢視自己目前的生涯規劃，我認為只要你認真踏實地規劃自己的生涯，那麼把休養生息放進計畫中也無不可。

壓力來自內心

在很多時候，工作上的壓力表面上是來自於他人，但是大多數的壓力，我認為是來自於每個人的內心，只要你學會了如何把壓力轉化為動力，那麼工作上的種種壓力，你將不會畏懼，反而會勇敢地去挑戰每一次的難關。

因此當你下次遇到所謂的「工作壓力」時，試著把它當成讓你繼續成長的動力吧。

豪小子心靈雞湯

事情的終局，強如事情的起頭。存心忍耐的，勝過居心驕傲的。

(傳道書 7:8)

3部曲，提高你的競爭力

■ 認清自己的缺點，是提升競爭力的必經之路。

2012年林書豪打出名堂後，各隊都開始研究他，一旦林書豪吃了敗仗，也會說他失誤過多、外線不夠準，運球不夠好等批評。

對此林書豪也承認，自己有很多必須加強的地方，認清自己的缺點，是提升競爭力的必經之路。

當每個人的學歷程度都差不多時，那麼就要懂得如何讓自己提高競爭力，這樣才會讓自己突顯出來，不只能夠獲得老闆的重用，還有機會獲得加薪或升官。

至於要如何提高競爭力，我認為可以先從以下競爭力3部曲做起，競爭力3部曲只是個基礎。就像蓋房子的地基一樣，雖然要花很久的時間去打基礎，但是所建造出來的個人競爭力，將是很多人無法超越的門檻。

首部曲：追根究柢

　　我覺得上班上久了，多少都會有想放鬆的情況產生，但是我認為無論如何，還是要有追根究柢的態度，對工作上的任何事情，還是要保持最謹慎的精神去面對，如此才能確保公司的運作能夠越來越進步。分析成本是培養追根究柢最好的方式，要想辦法替公司省錢，讓公司從一開始就擁有最有競爭力的成本，當面對對手的挑戰時，自然能夠不畏懼地去面對。

　　此外，我發覺有些人會覺得只要是公司的資源就盡情地去利用，事實上我卻很不以為然，我認為你若浪費了公司一塊錢，公司就無法用這一塊錢去賺十塊錢。如此長期惡性循環下來，公司無法賺到錢後，自然無法給員工薪水，因此想貪小便宜的員工亂用公司的資源，最後受苦的還是自己。

二部曲：注重小細節

　　我個人非常重視小細節，因為我認為一件任務能否順利完成，絕對是每一個小環節所構成，若公司裡的每個人，都能從小處幫公司著想，自然公司的經營也會非常順利。

　　舉例來說，有一次公司要在一個月內，研發出一項新產品，這時有人覺得要仔細地研究開發，做出來的品質才會優良，但是也有人覺得這樣執行的時間過長，絕對無法在一個月內研發出來。對此，我的看法是，要在有限的時間內，做出最優良的產品的方法，就是每個人都關注於如何加速開發產品的小細節，不

只要扮演好自己的角色，並且要完全減少平常上班摸魚的時間，每個人都拿出最佳的態度去研發產品。後來在整個部門齊心齊力下，我們真的在有限的時間內，比我們的競爭對手，還提早開發了一項新產品，在市場上獲得了很不錯的評價。

三部曲：多做少說

在上班時，我們經常會抱怨老闆只會出一張嘴，我們員工就只有被批的份，不過有時候我們自己也經常會犯了「只說不做」的老毛病。

講話很容易，但是花時間去做事卻是很辛苦的，我最常聽到的是公司沒給他資金、人才等資源，讓他根本無法做好事情，但是我發覺光聽他在抱怨的時間，我已經想到了好幾個可以執行的方式，不只可以省時、省力，還能幫公司創造更高的獲利。

可見很多時候，我們是因為懶得去做事，懶得去思考，漸漸地我們就會覺得公司給我們的不夠多，而我們對工作的態度，也自然而然地越來越沒有熱誠，對老闆和同事也越來越疏離，結果便很容易走上離職的道路。

豪小子心靈雞湯

我靠著那加給我力量的，凡事都能做。

（腓立比書 4:13）

培養好EQ

■ 人往往在生氣時，內心所爆發出的動能是很驚人的，因此與其把這股能量拿來罵人，還不如拿來執行工作。

上班族遭受的壓力特別大，有長官交付的任務，有家人要照顧，如何經營同事之間的人際關係，更是一門學問，若是情緒控管不好的話，通常會很容易生氣。

但是面對社會上的人事物，不像我們在家時可以隨意地發脾氣，在上班時生氣，可是會造成嚴重的後果。

社會的現實面

我明白很多人在上班時，都會面臨到老闆「非人性」的要求，這時你又無法跟老闆抗議，因為只要稍微跟老闆抱怨一下，他會馬上回你一句：「合理的要求是訓練，不合理的要求是磨練。」

當每次我聽到這句話時，都會覺得令人生氣，因為老闆每

次都用這句話當藉口，來壓榨員工的時間和精力，但是有時候為了糊一口飯吃，真的必須要忍氣吞聲下來，因為這個就是社會的現實面。在社會上，每個人不只講求外在的表現，對於內在的提升更是講究，因此往往在你沉不住氣而大發雷霆時，相對於比你冷靜沉著的同事，你給老闆的印象就馬上被比下去了。

我的慘痛教訓

生氣的表現不只是罵人而已，往往一個丟東西或甩門的動作，都會讓你在別人的印象中大大的減分。我自己就曾經遇到一個例子，有一次老闆要我馬上去辦一件事，但是我那時手頭上正在忙，可是我又不得違抗老闆的意思，於是我就翻了一個白眼。

結果這個白眼讓老闆大為光火，馬上把我叫到會議室，好好地唸了我一頓，老闆跟我說：「我生氣的不是你翻我白眼，而是你的情緒表達太明顯了，今天我是老闆，只會唸你一下，但是若你遇到的是大客戶，你覺得你會有什麼樣的後果？」

經過老闆的「訓示」，我才明白到情緒控管的重要性。我以後也經常注意到人與人之間的相處，都盡量維持住彼此氣氛的愉快，說也奇怪，從此之後我的業績也越來越好，可見把情緒控管好，對每個人是只有好處沒有壞處的。

情緒控管

上司或老闆在考核一個員工時，所採用的標準除了工作上的表現外，對於員工本身遇到工作壓力時的情緒控管，也是一個

重要的考量。因為工作上的表現若不好，可以慢慢靠著時間和經驗來改善，但是一個人的情緒控管卻是很難改變，因為老闆若覺得他的員工情緒很不穩時，會覺得這個員工會影響到其他員工，久而久之不只會對這個員工失去信賴，嚴重時還會辭退這樣的員工。生氣所帶來的後果，往往是把場面變得更為惡化，通常都無法解決掉問題，因此，如何處理「即將生氣」的問題，也成為上班族的一大課題。

3密技，讓你不生氣

我自己若是真的遇到很誇張的事情，我心中也真的是氣爆了，不過畢竟現在已不像年輕時的火爆浪子，現在遇到這樣的事情時，我會採取我自己獨創的「不生氣3密技」：

密技1：馬上忘

「馬上忘」就是趕快忘記現在遭遇的事情，並且繼續做應該做的事情，雖然情緒還在，但是只要一忙的話，通常過個幾分鐘，就會好很多，有時忙完了，我還會忘記之前為何要生氣。

所以我覺得在工作時讓自己適度地忙碌，也可以減少負面情緒的產生，因為很多時候我們會覺得想生氣，是因為我們太閒了。時間一多自然很容易想東想西，所以讓自己可以忘掉不愉快的事情，趕緊做手頭上重要的事項，才是解決生氣的最佳方式。

密技2：馬上走

遇到要「馬上走」的地步時，通常都是我的情緒已經快壓

抑不住，即將火山爆發了，這時我會採取立即「逃離現場」，免得真的生氣起來，波及到無辜的人士。我通常會走去洗手間，洗把臉後面對鏡子，告訴自己：「那沒什麼大不了，你一定可以克服的」。

通常讓自己冷靜幾分鐘後，情緒就會漸漸平復下來。這時若回到辦公室時，不僅自己可以重新面對工作，並且也可以活用「密技1：馬上忘」的精神，繼續好好地工作。

雖然這一個方法有好有壞，因為有可能在逃離現場時，留在原地的人會覺得你在生氣，或是覺得為何你要莫名其妙地走開。

但是卻這可避免讓自己的情緒當場爆發出來，因為一旦你讓別人看到你火山爆發的樣子時，那將會造成不可收拾的後果。

密技3：馬上寫

因為我常寫文章，所以我會在寫文章時，抒發自己的負面情緒，若我真的氣到很想罵人，我會直接寫在文章裡，通常我想生氣時，寫的文章又快又多，連自己都難以置信。

我想這本書可以完成，有可能很大的原因，是我在工作上遭受到太多壓力了，因此經常寫些文章來激勵自己，所以在此也要謝謝我的老闆和同事們，謝謝你們過去帶給我這麼多情緒上的挑戰，讓我可以寫成這本書。

讓情緒找到適當的出口

不生氣的3種密技宗旨，主要就是要讓你把負面情緒轉化為正面的力量，不只能避免掉生氣的情形，還能幫助你在工作上更有效率。

因為我發覺人往往在生氣時，內心所爆發出的動能是很驚人的，因此與其把這股能量拿來罵人，還不如拿來執行工作，而且事後往往會發覺生氣時所做的時間，居然比平常認真工作的時間還短，可見懂得善用生氣時的能量，是很重要的一件事。

現在年紀漸長，很少有事情會真的會讓我生氣了，而且有些負面情緒還可以幫助我多創作文章，因此，若是你改不掉經常生氣罵人的習慣，不妨練習看看這3個密技，多練個幾次，保證讓你的人生越來越樂活喔！

豪小子心靈雞湯

說話浮躁的，如刀刺人；

智慧人的舌頭，卻為醫人的良藥。

（箴言 12:18）

Part 3

團隊第一

真正好的領導者不只讓自己的能力不斷成長，最重要的就是要能夠讓團隊成員都能認清楚自己的角色，進而讓團隊更上一層樓。

當**團隊慘敗**時

■ 真正的領袖在面對失敗時，不僅不能逃避，反而選擇勇敢
面對。

　　俗話說：「勝敗乃兵家常事。」一般人若加入一個團隊，
當這團隊獲得勝利後，經常會認為自己有很大的功勞，而當失敗
時，便會把錯推給別人，一個好的領導者，應該是在順境時，把
成功歸給其他人，當逆境時，則是一肩扛起失敗的責任。

中止連勝之路

　　2012年2月18日，在連續七場勝利後，林書豪這天帶領尼克
面對黃蜂隊，黃蜂隊當時的戰績並不好，當時在全NBA聯盟排
名倒數第二，但是黃蜂隊卻擬定了一套防守戰術來面對林書豪。

　　這套戰術便是縮小防線，緊縮禁區，同時不斷包夾林書
豪，如此一來，林書豪受到黃蜂針對性防守影響，無法幫助隊友
打開攻勢，同時自己也發生了過多的失誤，總計這場林書豪個人
就發生了9次失誤，終場尼克便以85比89不敵紐奧良黃蜂。

這場比賽尼克隊總共發生了21次失誤，以往擅長的三分球的命中率也不佳，尼克隊全隊三分線外出手24次，只中4球，命中率只有低到1成67，反觀黃蜂全隊三分球投12中7，命中率高達5成8。

在全隊表現都不好的狀況下，林書豪其實可以藉口說：「是因為隊友表現不佳。」但是他卻一肩扛起責任，賽後林書豪說：「過去七場比賽，很多人說都歸功於我，因此這場失敗的結果也是我的責任，我這場表現真的很糟，我很討厭輸球的感覺。」勝敗乃兵家常事，林書豪在面對失敗時，不僅不逃避，反而選擇勇敢面對。

沒有人一出社會就當總經理的

家俊從小到大的成績優異，由於成績很優秀，因此在國內讀到大學後，家俊選擇到國外唸書，之後取得MBA碩士，得到碩士學歷後，家俊認為憑自己的學業成績，應該可以找到不錯的工作了，便回國開始進入職場發展。

由於學業成績優異，而家俊本身對室內設計很有興趣，因此很快地進入一家雜誌社擔任攝影助理，但是工作內容，卻只是幫忙攝影師扛相機，整理照片等瑣事，家俊覺得自己真是大材小用，因此只做了三天便離職了。

家俊對於出版業還滿有興趣的，因此第二份工作應徵到了出版社當編輯，這次他希望可以負責一本書的製作，但是製作一

本書的流程極為複雜，因此家俊一開始只負責作者的聯繫和文稿的校對，做了兩個星期後，家俊認為這工作很枯燥乏味，因此又遞了辭職信走人。

這次離職後，家俊的爸爸找了一天來跟他談一談。

「家俊啊，現在年輕人失業率很高，你好不容易找到工作，怎麼會輕易離職呢？」爸爸問道。「我去的兩家公司都要我做一些基層助理的工作，我在國外可是學管理的，因此我覺得這兩份工作都不適合我。」家俊這麼回答。

「你從小到大求學都很順利，可說是沒有遇到過挫折，但是出社會後，便是從頭開始了，人家有可能是看到你的學歷讓你工作，但是之後職場上的態度，才是你真正的實力。」爸爸繼續說道：「沒有人一出社會就當總經理的，任何工作都要從最基本的做起，認真把當下的事情做好，主管自然會交付給你更重要的任務。」

面對現實

家俊靜靜地聽著爸爸的教誨，冷靜地自我反省後，決定放下自己的學歷與尊嚴，重新去找下一個工作，這次他找了餐廳服務生的工作，應徵時他只拿出高中學歷，面試主管看家俊的態度還不錯，因此便錄取了他。

餐廳服務生的工作比之前兩份工作都還要累，不只工作時

間長，當用餐時間時，所需要準備東西的速度和臨場應對都非常緊湊，不過家俊有了之前的經驗，知道再怎麼苦也要撐下去。

三個月後，跟家俊同期進來的新人都一一撐不下去辭職了，唯有家俊還是不怕苦繼續做著，一年後，老闆看家俊工作勤奮，跟客人的應對也很好，有意升家俊為店長，不過因為他以為家俊只有讀到高中，擔心管理端的工作他無法勝任。

這時家俊才拿出他的MBA畢業證書，說明他當初是想從基層做起，因此才只拿高中學歷應徵，想當然爾，老闆當然立刻升他為店長。十年後，這家餐廳的老闆連續開了好幾家連鎖店，每一家的業績都非常好，最後老闆決定讓餐廳上市，而每一位高階主管也都分配了一定比例的股票。

家俊這時已經升為公司的副總經理，所分到的股份總值超過五億元，而老闆也宣布家俊即將擔任公司的總經理職位，直到那一刻，他才終於真正體會到當初爸爸講的那句話：「認真把當下的事情做好，主管自然會交付給你更重要的任務。」

豪小子心靈雞湯

神是我們的避難所，是我們的力量，是我們在患難中隨時的幫助。

(詩篇 46:1)

建立好人脈

■ 以團隊為重，長期下來自然可以建立良好的人際關係。

尼克隊的前總教練丹安東尼（Mike D'Antoni）評價林書豪是一個很重視團隊合作的球員，不會只求個人表現，在掌控球隊隊員與打球策略上充滿智慧。

林書豪也經常提到：「希望隨著賽季的進行，各界關注焦點會從個人轉到尼克隊，希望尼克隊能有更好表現，球迷就不見得光談我，而是談整支球隊。」

林書豪不管面對媒體或是私底下與隊友相處，都是以團隊為重，長期下來自然可以建立良好的人際關係，那麼上班族要如何建立好人脈呢？我認為可以從3個階段來探討。

第一是求職階段

這個階段通常是剛從學校的社會新鮮人，我建議要先用最謙虛的態度來找工作，尤其是當面試主管開始要求你提供過去的

經歷時，這時更應該用積極的態度詳細說明，讓人留下「你能夠溝通」這個印象，你就有很大的機會能夠被錄取工作。

在這個階段你必須展現極高的熱忱，因為在老闆的眼中，眼前的你，是完全沒有工作經驗，因此會在一開始工作時需要很多的輔導和協助，並且也會容易犯一些過錯，因此你必須用你年輕人的熱忱來彌補。

除了熱忱，你還必須要有禮貌，從一開始面試時，不管有沒有當下錄取，你都要面帶微笑，並且在一進門就道聲招呼，在面試結束時，也要真心地感謝面試官給你這個機會面試。

若一開始找工作很不順利，通常很多年輕人會遭遇到很多挫折，因為覺得自己不被認同，開始怨天尤人，這時你必須多去找人溝通，不管是你的長輩和朋友，問問看他們對工作的看法和態度，相信不只可以培養你一個正確的工作觀，你也會真心感受到誰是真正的朋友。

第二是在職階段

在學校時，老師總是不允許學生犯錯，若是考試犯錯，就是扣分數，但是問題是學生一旦畢業進入職場後，不可能從工作上都毫不犯錯，所以很容易在一開始被主管唸之後，就受到極大的挫折感。

這時建議你可以透過工作，好好鍛鍊自己的修養，並且若

遇到不懂的地方，趕快請教你的同事，並且也多多進修自己需要的工作技能，長久下來，你自然能夠在主管和同事間，擁有不錯的關係。

除了公司的長官和同事外，年輕人最需要經營人脈的管道，就是每天必須面對的客戶們，你必須多去認識不同的客戶，多去了解他們的背景，更重要的是多去關心他們，因為每個人都喜歡被關心，只要你多付出一點時間和精神，相信你會從客戶中認識到很多好朋友。

這些好朋友中，說不定有人就會成為你生命中的貴人，無論你將來是要創業還是轉職，我相信這些人或多或少都能夠給予你一些幫助。

在職階段所結交的朋友，有些人可能是酒肉朋友、也有些人假意跟你做朋友，背後卻捅你一刀，因此即使建立人脈很重要，你還必須要懂得去分辨什麼人才是你真正的朋友。

至於要用什麼方法來分辨朋友，我認為最簡單的方法就是「時間」，正所謂「路遙知馬力，日久見人心」，因此你也不必過於心急，就讓時間來證明誰才是你真正的朋友。

第三是離職階段

工作了一段時間，你或許會因為某些因素，這時我建議你一件事，就是不管你離職的原因是什麼，你絕對不能說這家公司

的壞話，人沒有完美，公司也是一樣，不可能事事都盡如你意。

所以既然要走，就不要破壞自己長久建立下來的形象，我在此也提供一個要離職的小秘訣：就是我要離職的當天，一定會寫封信感謝我的主管和同事們的照顧。寫這封信花不了多少時間，但是卻可以為我以後的人生累積很多好朋友。

我從出社會到現在，總共待了四家公司，每一家公司在我離職後，都還是會有同事跟我保持聯絡，甚至在我結婚或是生子後，這些同事都會主動地來拜訪我，並且給予我祝福。

因此我真的相信一句話：「工作是一時的，朋友是一輩子的。」千萬不要把工作的不愉快，在離職後繼續留在心頭，因為你把討厭和恨意表達出來。在你離職後，原來的公司還是繼續運作，原來的同事也是繼續上班，反而是你把這樣負面的情緒放在心上，最終受傷最深的人還是你自己。

豪小子心靈雞湯

凡事謙虛、溫柔、忍耐，用愛心互相寬容。

(以弗所書 4:2)

多一個朋友，
就是少一個敵人

■ 如果你今天在社會得罪了一個人，你有可能間接得罪了上
百人。

灰姑娘的故事，人人都愛看，林書豪之所以吸引人，就是他用實力讓當初看走眼的人全都信服，NBA名將惡漢巴克利更大力稱讚他，除了攻個人得分外，還能帶領球隊贏球。

光這項特質就超越許多前輩，他說林書豪帶動了尼克隊的士氣，尤其他和隊友在球場溫馨打氣的動作，都是以前尼克隊看不到的。

多結交朋友

在林書豪連續精湛表現的比賽中，總能看到他積極同隊友討論戰術，以及在每一次精彩進球後都找機會和隊友撞胸慶祝，這都是林書豪打從心裡要與隊友建立友好關係的許多細節。

在目前的社會上，不管要做什麼事，有好人脈的人，通常

都很容易成功，因為很多事情只靠一個人去做是很辛苦的，若能靠著人脈，找到對的人幫助，通常都能事半功倍。

商場如戰場，如果你今天在社會得罪了一個人，你有可能間接得罪了上百人，因為這個人也有他的人脈，即使你以後不會想遇到他，但是若以後事業上的需要，你也有機會遇到他的朋友圈。

這時，你一定會很後悔當初為何要得罪人。因此，我的建議是，在社會要多結交朋友，少建立敵人，若你的工作是業務員，那麼結交朋友絕對是你必備的條件，因為透過客戶的介紹，業務員將可以省下很多很多找尋新客戶的時間。

即使你不是從事業務性質的工作，你依然要與人為善，尤其若你想在職場上有所成就，你一定要跟同事和長官保持良好的互動關係，因為你將來若有機會加薪或升官時，說不定你當初結交的這些朋友，都可以推你一把，讓你的事業再進一步發展。

人脈就是錢脈

很多創業家在一開始創業時，都會集合自己親朋好友的資金來創業，因為自己或許有完備的計畫和創造力，但是若缺乏資金活水的話，可是什麼事都無法做成的，這時人脈的重要性就會在這裡顯現出來。

只要有人願意支持你的創業計畫，我相信這樣的人，除了

親戚之外，一定是把你當成可以信賴的朋友，不然不會拿出自己的資金來幫你，因此我奉勸每個想創業的年輕人，一定要在當上班族時，就培養好自己的人脈關係。

因為這些人脈就是你將來的錢脈。即使是不想創業的上班族，你至少要維持住跟老闆的好關係。

因為老闆掌握的可是你的薪水高低，若是你想要你的薪水越來越高，你就不能把你跟老闆的關係，搞的越來越差。

了解同事的關係

你在同事間有好人緣嗎？許多人在職場上都是明爭暗鬥的，工作上凡事有功勞都是自己的，有過錯就會想辦法推給別人，這是基本的人性。

因為每個人都想要保有自己的工作，不想因為自己在工作上犯錯時失去工作，因此職場上的彼此競爭是非常激烈的。

即使如此，你還是必須維護好同事間的關係，因為你想要有更高的職位和薪水，而不只是滿足於目前的工作，因此你就一定要有更好的情緒控管、更佳的溝通協調能力、更棒的工作態度。

所以在同事的相處上，你必須要保持態度友善，遇到公事時說之以理，藉此讓同事們感覺到你是個在工作有所堅持、與人

為善的人。久而久之,自然會贏得同事間的敬重,工作上的許多流程也會越來越順利。

了解自己的實力

你知道你自己的實力如何嗎?「知己知彼,百戰百勝」,這句話是在商場上的定律,在職場上也適用這句話,你必須要懂得目前自己的競爭力如何,最好的方式就是跟你同職等的同事來比較。

跟他們比起來,你的外語能有沒有比較好?你的企劃能力有沒有比較突出?你的溝通能力有沒有比較優秀?像這樣的許多比較,都是可以幫助你了解自己的實力到底如何。

若你在很多方面的能力都比別人優秀,老闆自然而然會主動幫你加薪,因為優秀的人才在組織裡面,是很容易突顯出來的。

所以若你自認為能力很不錯,可是為何遲遲未獲重用,那麼很有可能是你在某方面還沒達到優秀的境界,你要試著去找出你的弱點,並且試著改善,千萬要記住,老闆沒有義務要幫你加薪,可是你自己卻有義務提升自己的工作競爭力。

成長是主要目標

我在職場上的工作目標很簡單,就是不斷地讓自己的成長,不管是語言能力、管理能力、時間運用等能力,我都會每隔

一段時間檢視自己，是否有比以前進步，若沒有進步的話，我會拿出紙筆，寫下明確的方法和達成時間，我把工作競爭力的成長，當成是我工作上的主要目標。

我相信像我這樣的工作態度，也會令多數老闆滿意，因為老闆請員工來，是要員工主動去發現問題，並且懂得解決問題，像這樣的員工，不管是做什麼工作或職位，都一定會獲得老闆的重用的。

豪小子心靈雞湯

生氣卻不要犯罪，不可含怒到日落；

也不可給魔鬼留地步。

(以弗所書 4:26-27)

溝通的藝術

> ■ 溝通的秘訣，就是去享受溝通，去感受在與人對話中的種種樂趣，一個成功的溝通必定會創造一個優良的關係。

　　在職場上的溝通技巧非常重要，有時候很多事情會延誤，導致效率不彰，通常都是部門與部門間協調不當的緣故，因此要想讓老闆幫你加薪，你一定要懂得提升自己的溝通技巧。

支持你的老闆

　　進到一家公司，這家公司的老闆，就等於一個國家的總統，他擁有在公司裡的一切權力，因為他必須負責這家公司的經營成敗，所承擔的責任和壓力是無比的重大，因此很多老闆在創業初期，幾乎都很少看到他們的笑容。

　　身為一個員工，應該了解老闆的創業精神，在公事上要支持你的老闆，對於老闆給予的種種要求和壓力，也要當成是自己成長的原動力，唯有如此，每一個員工才能夠對公司有向心力，並且讓公司的業績蒸蒸日上。

在工作上，老闆與員工的關係很容易緊張，最重要的原因就是彼此的認知不同，老闆認為員工是花錢請來的，當然要發揮出最大效益，而員工認為自己的能力很不錯，應該要得到最多的薪水。

站在對方的立場想

勞資雙方的複雜關係，造成很多企業的勞資關係很不優良，對此我覺得勞資雙方都要各退一步，試著站在對方的立場想，或許就可改善彼此的關係。

身為老闆，雖然是花錢請員工來工作，不過不要把員工當成機器人，他們也是有一定的體力和精神力，因此千萬不要經常要員工過度加班，以免操壞了員工，讓員工多一點時間休息，反而可以讓工作效率提升。

身為員工，也不能自以為無所不能、無所不知，凡事都要以最謙虛的態度來工作，遇到不懂的地方一定要請教別人，並且一定要肯吃苦耐勞，努力扮演好自己的角色，就會成為一個成功的上班族。

沉默也是一種溝通

有時候同事之間會謠傳一些閒言閒語，有時候是在講別的同事如何如何，有時候是在說自己的朋友如何如何，對此我通常都會先採取沉默的回應。因為講閒話通常都會浪費很多時間，不只是在講話的當下，有時在講完後，還會花一點時間去回想，這

時通常都會浪費了許多寶貴的辦公時間。此外，辦公室的閒言閒語，通常都會講到老闆的壞話。

這時通常都可以看出一個人的品格如何，當一個人會跟你說別人的壞話時，有一天，他也會用同樣的壞話在背後講你。

因此我在辦公室裡面，通常都是最安靜的一個，並不是我不願意參與同事間的交流，而是我認為不必要的交流，還不如不要交流。

這時你可能會有疑問：「若有人說自己的壞話時，難道也要默不吭聲嗎？」我的答案是：「沒錯，你還是必須保持沉默。」

我認為很多重傷人的話語，都是在考驗一個人的耐心和意志力，你無論如何都不能動氣，甚至回嘴大罵，因為有更多人在看你的情緒控管是否良好。

因此，你愈在愈艱困的環境下，更要懂得如何去調適自己的情緒。

在對的時間說話

一般在開會時，很多人都會想表達自己的意見，不過若說錯了話，不只會讓自己在同事面前出糗，也會減低老闆對你的印象。因此，我通常都是被點名時，才會把自己準備好要講的內

容，一句一句地說出來。在工作上說話要很有分寸，因為每一句話都會代表你這個人，因此千萬別開一些無聊的玩笑，或許開玩笑會讓當下的氣氛變得有趣，不過久而久之，會降低自己在別人心中的格調。

此外，大家通常都會面臨一個狀況，在開會時，老闆講完後會問大家若有反對的意見可以立即提出，這時即使自己心裡不太認同，也要忍住不說。

當老闆這樣問時，通常他自已心裡已經有了定見，會想問大家，只是想知道哪個人反對，因為很多老闆都很難聽進別人的忠告，因此若是老闆已經下決策的事情，就不要強出頭去反對。

當然，我不是要你凡事都順從，即使你知道是錯的事情也要去做，但是你千萬不要在同事面前提出老闆的不是，你可以私下找老闆談，或是透過E-mail的方式溝通，讓自己和老闆都有一點空間去思考，這才會是一個有效的溝通。

要懂得認錯

在職場上做錯事說錯話，其實都是很正常，不過很多人卻因為愛面子的關係，在做錯事情時，都會找藉口說是別人的問題，很少有人會直接認錯，然後馬上更正。

記得有一次我負責編一本行銷的小冊子，在要送進印刷廠時，發覺頁數重複了近10頁，這時主管發現後，把我叫到面前

跟老闆溝通的藝術

1. 支持你的老闆。

2. 站在老闆的立場想。

3. 沉默也是一種溝通。

4. 在對的時間說話。

5. 要懂得認錯。

來，狠狠地批了我一頓，然後落下一句：「這本冊子無法印製出來的責任，你自己要全部擔負。」

當時我剛進這家公司還不到二星期，在還不了解公司環境下，就面臨這麼大的壓力，不過我當下跟主管表示，我明白我犯錯了，我會盡力去彌補。

結果我與美術設計，花了一個早上的時間把頁數補足，並且在隔天順利送進印刷廠，整個行銷計畫也能夠如期地舉行。

後來有別的同事跟我反應，當時主管那麼當眾嚴厲地罵你，要是她早就不做了，不過我卻回答：「主管罵人是她的工作，不過我當時心想的卻是要如何去補救，因此根本也沒有心思去難過。」

認錯要有極高的情緒控管，因為承認自己的確犯錯真的很不容易，不過在職場上要追求成長，就一定要懂得從錯誤中學習，進而讓自己EQ不斷往上提升。

學習溝通有什麼秘訣嗎？其實我認為溝通的秘訣，就是去享受溝通，去感受在與人對話中的種種樂趣，一個成功的溝通必定會創造一個優良的關係，因此千萬不要害怕與人對談，上班族一定要懂得溝通的藝術。

讓**團隊**更上一層樓

■ 真正好的領導者不只讓自己的能力不斷成長，最重要的就是要能夠讓團隊成員都能認清楚自己的角色。

「林來瘋」狂襲NBA時，不但讓林書豪的名字成為所有想進NBA球員的新希望，甚至連隊友諾瓦克（Steve Novak）名氣都跟著水漲船高。

《紐約時報》在2012年2月22日的報導中指出，諾瓦克在林書豪站上先發後的九場比賽中，平均每場可以攻下11.7分，成為尼克板凳席上火力最兇猛的砲手，甚至被台灣轉播單位稱為「新台灣之友」。

諾瓦克表示：「跟林書豪打球一點壓力都沒有，照著自己的方式打，你就會覺得已經足夠，因為林書豪會將球送到好的位置給你投，他讓一切事情都變得很簡單，尤其是在心理層面。」

用對的方法做事

真正好的領導者不只讓自己的能力不斷成長，最重要的就是要能夠讓團隊成員都能認清楚自己的角色，進而讓團隊更上一層樓，林書豪當時還在坐冷板凳時，即會隨時觀察隊友的走位和動作，才能在一上場後，不斷找到空檔，幫助隊友快速得分。

很多上班族都有個心聲：「我很勤勞啊，每天工作超過12小時，每天回到家都累斃了，可是為何還是無法成功？」我想會造成這樣的原因只有一個，那就是：「大多數人都可以勤勞，可是卻無法刻苦。」

刻苦是什麼呢？我對刻苦的定義是，別人都不想做的、或是不肯做的事情，只要有人肯去做，並且持續去做，這樣的人就有刻苦的精神。有哪些事是上班族不太可能去做的呢？

例如倒茶水、拖地、掃廁所等事情，這些都是上班族不太可能會去做的事情，大家通常都只關注到把手頭上的事情忙完，就算對公司有貢獻，像掃廁所這種事情，留給清潔工去做就好了。

對公司的向心力

沒錯，我舉例的清潔工作是個最簡單例子，但是台灣不是每一家公司都會請清潔工，因為台灣企業多是中小型企業，因此像清潔工作這樣的事情，通常都會讓員工分工去做，而當員工在

做這些小事情時，其實老闆的眼睛都在看。老闆會觀察每個員工做這些事情時的態度，還有做事的仔細度，因為這將會充分表現出一個員工對公司是否有高度向心力。因為員工在家也會做清潔工作，因此老闆主要透過一些勞動工作，來觀察員工是否把公司當成自己的家一樣對待。

清潔工作雖是小事，但是若做的不好也有可能會被辭退，我自己就曾經看過老闆，因為員工做清潔工作不確實，然後再去檢討他的工作內容，發現他負責的專案也是錯誤百出，因此後來就辭退了那位員工。

為你的工作下定義

要想在職場上成功，就要先為工作下一個定義，我對工作的定義是：「我可以達到財務自由，並且對我的工作有成就感。」

這幾年工作下來，經歷許多酸甜苦辣後，我發覺到一件事，要吃到甜美的果實，就要先經歷過苦楚，當通過許多考驗後，所換得的成就感越大，並且讓我的工作生涯成為一個良性循環，我會更不怕吃苦，努力維持吃苦耐勞的精神，並且逐步達到我的工作目標。

你有想過工作在你的人生中所代表的意義嗎？若沒有的話，現在就花個幾分鐘，好好想一想工作的意義，我建議你不要只把工作當成是賺錢的方式。若當在工作上遇到挫折，很容易會

因為金錢的壓力勉強做下去，但是卻會失去當初想做這份工作的熱誠，我相信你只要保持吃苦耐勞的態度，你一定會找到你工作的哲學，活出一個全新的工作生涯。

培養自信心

成功的感覺是會讓人上癮的，這種上癮不像是喝酒或是吸食毒品，反而是會讓人身心健康的感覺，若你也是個成功的業務員，我相信你也能夠體會到我的感覺。若你現在還是陷入被客戶拒絕的狀況，我建議你一定要做的一件事，就是培養你自己的自信心，就像林書豪當初告訴自己的：「我不可放棄，神創造了我，我一定會是個有用的人。」

你一定要積極地思考，當有任何一絲絲負面的想法產生時，唯一能夠解決的方法，就是站起來，繼續去拜完成工作，心中不要任何的掛念，我相信你一定也能夠享受到成功的感覺。

豪小子心靈雞湯

我的弟兄們，你們落在百般試煉中，都要以為大喜樂；因為知道你們的信心經過試驗，就生忍耐。但忍耐也當成功，使你們成全完備，毫無缺欠。

（雅各書 1:2-4）

Part 4

領導者

領導者要經常設身處地為員工著想，尊重每個員工，相信他們能把工作做到最好，並且隨時給予鼓勵，用正面的言語肯定員工。

成為**領導者**

■ 以積極的態度來進行任何工作或職位，相信都能夠獲得極大的成就。

　　2012年2月20日的紐約麥迪遜廣場花園（Madison Square Garden），這一天尼克隊有一場重要的籃球賽，那就是哈佛小子林書豪將領軍面對前一年的冠軍隊：達拉斯小牛隊，這一場將是考驗林書豪面對冠軍時，是否還是能夠表現正常。

勇者無懼

　　達拉斯小牛這天用「超級球星」的規格來防守林書豪，只要林書豪一持球就展開包夾，根本不給林書豪發動擋拆戰術機會。

　　林書豪即使不斷受到小牛的壓迫和包夾，但他表現更冷靜，精準掌握突破時機和速度，不斷突圍成功，為隊友輸送有效傳球，活絡進攻系統，成功打敗衛冕軍小牛，全場貢獻28分和14次助攻，帶領尼克隊在主場以104比97取得勝利。

賽後林書豪說道：「去年我正在看著他們奪取總冠軍，那顯然是每一支球隊都想要的榮耀。這對我們來說是一種動力，不只是我，而是對我們全隊來說都是一種動力。這讓我們看到了我們可以達到什麼成就。」

面對冠軍隊，林書豪無所畏懼，反而更向贏家看齊，進而想盡辦法也要超越贏家，這種正面積極的態度，正是林書豪能夠在一開始就吸引到全世界目光的原因，他勇於挑戰贏家，而不是選擇污辱贏家。

向有錢人看齊

傑克本身是個房地產投資客，由於他是白手起家，剛開始只能從小套房開始投資起，不過後來不斷地累積經驗，從地段的選擇、趨勢的判斷、裝潢成本的控管等方面，都盡力去研究，若有不懂之處，就會向比他還厲害的投資客請教。

因此在短短10年內，他經手買賣過上百間房子，身價約3億元，目前手上還有三十多間房子出租，光是租金收入，每月就淨收入約40萬元，當時他才40歲而已，就已經達到了財務自由了。

有天有個財經記者採訪傑克問道：「請問你到底是如何在短期間內變有錢人？」傑克說：「首先，要向有錢人看齊，接著就是持續地累積成功的投資經驗。」記者問：「但有錢人不是都愛炫燿自己有錢，這樣還值得向他們看齊嗎？」

傑克說：「任何人都有優缺點，任何階層的人也都有好人或壞人，有些窮人的心裡很自私，有些則是很上進，當然你說的一些有錢人或許品格有問題，但是也有很多有錢人擁有積極進取的精神，我所要學習的，則是有錢人積極進取的精神和他們賺錢的方法。」

子曰：「見賢思齊焉；見不賢而內自省也。」孔子這句話翻成白話為：「看到德性高的賢能人士，就想與他學習一樣的品德。見到毀道敗德的人，以他的錯誤為借鏡，反省自己有無這樣的錯誤。」

傑克能夠在年紀輕輕就賺到上班族一生都賺不到的金錢，所持有的就是「見賢思齊」的態度。

態度決定了人生的高度

有時候當我們看到一個人很成功時，往往會既羨慕又忌妒，原因很可能是自己目前的收入很低、人際關係很差、無法獲得升遷等等因素，都會讓自己在看別人時的角度，朝向負面消極端看待。

認為別人會成功都只是運氣好或是拍老闆馬屁，殊不知別人光鮮的成功背後，付出了多少努力。

消極態度往往無法使自己脫離低潮，反而會造成惡性循環，一旦認為自己無法有錢，那麼就很有可能一輩子當窮人，雖

然追求財富不是人生唯一的目標，但是很多有錢人的理財方式是透過理性與積極的態度來進行，這樣的態度放眼到進行任何工作或職位，相信都會能夠獲得極大的成就。

　　林書豪在2012年時還只是NBA二年級生，照理來說像這樣的菜鳥，在第一次面對冠軍隊時，心情一定會緊張大於興奮，進而影響到自己的身手，但是林書豪卻快速調整自己的心情與打球的態度，單純地相信只要能夠打敗冠軍隊，那麼有一天他也能夠得到冠軍。

豪小子心靈雞湯

你們當剛強壯膽，不要害怕，也不要畏懼他們，因為耶和華你的神和你同去。祂必不撇下你，也不丟棄你。

(申命記 31:6)

領導3部曲

> ■ 當底下的員工心已經不在公司，或是員工彼此惡鬥時，身為領導人要如何解決這些人際問題，才是經營上的困難點所在。

　　我拜訪過電子公司的總裁、廣告公司的總監、銀行分公司的經理等高階管理階層，我都會問他們一個問題：「如何當個成功的領導人？」我會得到許多答案，總結這些回答，我發現成功的領導人其實就是在處理人的問題。

處理人的問題

　　經營一家公司最大的困難點不是在業績無法提升，或是公司規模不能擴大，而是當底下員工的心不在公司，或是員工彼此惡鬥時，身為領導人要如何解決這些人際問題，才是經營上的困難點所在。

　　從一開始的應徵開始，領導人就必須要開始找尋適合公司的人才，目前求職人的應徵信函大多寫的美輪美奐，因此領導人不只要看履歷表上的經歷，最重要的是要在面試時，發掘出最佳

的人才。一般來說，面試的好處就是可以直接感受到求職人的一些特質，基本上我認為好的人才大多具有善於溝通、與人為善、有熱誠、渴望成功等特質，只要錄取的人有以上這些特質，那麼在公司裡的表現基本上都不會太差。

首部曲：找到對的人

　　一家公司要經營良善，領導者首先要學的就是「知人」，不只要了解員工的才能，最重要的是要從員工的個性、情緒控管、壓力承受度等方面，來判斷適不適合公司的文化。

　　有些公司在新人面試時，會有一個基本的性向測驗，基本上這樣的測驗，就是想了解員工的內在屬性如何，因為光靠履歷表，只能知道基本的學識資料和工作經驗，完全無法知道員工在面對事情的處理態度，因此透過測驗，面試官就可以對這個人先有個大致的了解。

　　有些公司的老闆或管理階層會問我一個問題：「你覺得員工哪一項特質最重要？」

　　我通常會回答：「若是只能選擇一項的話，我建議是員工的忠誠度。」

　　一家公司的員工若對公司和老闆沒有忠誠度，那麼即使能力再強，到最後這名員工也會選擇離開公司，甚至還可能到同業跟你一起競爭，目前很多員工都有如此的現象，只要別家公司開

的薪水條件和福利比較好，就會選擇跳槽離職。我經常看到很多老闆為這樣的事情煩心，因為不想落入跟同業比薪水的惡性競爭中，但是又不甘心自己好不容易訓練出來的員工，就這樣被挖角走了。

對此我都會安慰道：「沒關係，缺乏忠誠度的員工讓他走也好，說不定他也用同樣的模式對他以後的老闆。」

二部曲：把對的人放在對的位置

一家公司有許多部門和職位，並不是每個人都可以適應每一個職位，例如一個會計人員，就不適合做業務性質的工作；一個經常在第一線面對客戶的業務員，很難適應行銷企劃的職位；而一個行銷企劃的人員，很難成為公司的法律顧問。因此，一個優秀的領導者，要懂得每個人的才能，並且把他們放在對的位置上。

以上的例子雖然很極端，藉此是來突顯「把對的人放在對的位置」上的重要性，因為有時人對了，位置錯了，反而對員工和公司都會造成傷害。

我曾經遇過一個朋友，他算是房仲業的超級業務員，每個月的業績可以輕鬆達到上億元，每年所領的佣金可以讓他一年買一棟房子，後來公司詢問他有沒有想轉往管理階層，把他的業務技巧和經驗傳承下去，帶領一個團隊來衝業績。

　　他想這應該不難，於是他轉做業務經理，負責團隊的銷售業績，但是問題來了，由於他的團隊每個人的背景不同，個性也不一樣，並不是每個人都適合他的業務銷售技巧，因此經過了一、兩年後，他整個團隊的業績，居然還沒有他以前一個月的銷售量。

　　如此帶給他很大的挫折感，後來他來找我聊天時，提到了他工作上所遇到的瓶頸，我給他的建議是：「你不適合當管理人員，還是回去做業務員吧。」因為管理人員要掌握的不是與客戶成交與否，最重要的是要帶出每個銷售人員的業績。

　　一個偉大的球員，不一定會成為一個偉大的教練；而一個傳奇的教練，過去在球場的成績說不定也是普通而已。

　　因此，每個人都有適合他的職場位置，領導人必須要觀察敏銳，適時地依據每個人的能力來安排職位，自然會讓公司運作順暢，業績滾滾而來。

三部曲：讓每個人盡情發揮

　　「找到對的人」屬於「知人」，「把對的人放在對的位置」屬於「善任」，領導者在做到知人善任之後，接下來，就是讓每個人在他的工作崗位上充分發揮他的專業能力。

　　領導者不必非常強勢地要求員工照他的方式來做，因為我相信一個領導者再怎麼優秀，也不可能專精於會計、行銷、銷

售、企劃、法律等各個層面，因此我認為領導者要相信每個員工可以在他們的領域上，為公司創造出最大的效益。

當然，領導者還是要看著每個部門的效率，當某個部門運作不順時，通常是那個部門裡的某位員工出了問題，這時領導者便可以找出問題，並且想出解決的方式，領導者做好老闆應該做的事，員工也扮演好自己關鍵的角色，如此一來就能誕生出一家偉大的企業。

領導不難

我認為身為領導者，要領導別人不會很困難，因為本身職位的關係，本來就較容易可以管理人，但是我認為最難的一點是「被領導」，因為人不是機器人，每個人都會有自己的想法和邏輯，也有很多人不喜歡被別人管東管西。

因此領導者在執行管理業務時，也要經常設身處地為員工著想，尊重每個員工，相信他們能把工作做到最好，並且隨時給予鼓勵，用正面的言語肯定員工，我相信這位領導者就會領導出一個戰鬥團隊。

豪小子心靈雞湯

你要聽勸教，受訓誨，使你終久有智慧。

（箴言 19:20）

領導三步曲

首部曲
找到對的人

二部曲
把對的人放在對的位置

三部曲
讓每個人盡情發揮

領導者的5大特質

■ 只要你能夠擁有這五大特質，我保證你一定會成為一個優秀的領導者。

　　要成為領導者，首先便要了解領導者有哪些特質，就我的觀察，領導者通常都具備以下五大特質：

　　　　1. 與眾不同

　　　　2. 挺身而出

　　　　3. 負責任心

　　　　4. 受人尊重

　　　　5. 員工優先

　　只要你能夠擁有這五大特質，我保證你一定會成為一個優秀的領導者，不只會帶領你的團隊或公司創造好的佳績，你的人生也一定會多采多姿，成為一個名利雙收的成功人士。

一、與眾不同

　　一個小團體裡，通常只會有一個領導者，一家中小型企業，也只會有一個老闆，甚至一個國家，也只會選出一個總統。

　　因此，要擁有領導的力量，進而成為一個領導者，首先，就必須要與大多數的人不一樣。

　　有領導力的人總是與眾不同的，不只思考上與眾人不同，在行動上也經常是與眾人不同，這樣的不同不是唱反調，而是在心理層次上的不一樣，也就是說，要成為一個領導者，最簡單的方式就是讓自己有一顆領導者的心。

　　例如當眾人困惑不知如何進行時，這時有領導力的人，便會找出方法，並且懷著無比的信心帶領大家前行，相對的，當大家興高采烈地慶祝某一件專案成功時，這時有領導力的人，會想著接下來要如何更好。

　　因此，優秀的領導者要懂得在眾人悲觀的時候，給予大家信心，鼓勵大家度過難關，在眾人樂觀的時候，不是只會給予大家勉勵，還會指引下一個方向在哪裡，不單只是滿足於目前的成就而已。

二、挺身而出

　　一個優秀的領導通常是勇於冒險的，他會仔細評估風險

後，大膽地往前進，而且通常都是第一個站出去的人，因為他知道唯有自己帶頭前進，做一個勇者的表率，才能夠帶領整個團隊打勝仗。

我們可以從電影上很多戰爭情節裡看到，當主帥要發動一個大型進攻時，都會站在最前線，並且是第一個喊口號和衝出去的人，因為唯有讓屬下看到自己勇敢的一面，屬下自然會為你效命。

此外，當一名領導者還是別人的屬下時，也會適時地挺身而出，例如當一家公司遇見一個困難的案件時，這時有領導力的員工，便會努力想出解決的方案，並且勇敢地跟上司建議，當案件因此迎刃而解時，這名員工自然會贏得許多人的尊重。

當公司的經營面臨困境時，優秀的領導人便會挺身而出，帶領員工往正確的方向去走，並且把自己無比的信心和一定成功的情緒，感染給員工，讓員工的士氣能夠振作，自然公司的業績能夠節節高升。

三、負責任心

在商場上不可能百戰百勝，因此，一個領導人必須在面對失敗時，還能保有正面的思考能力，不只不會困在失敗的情緒中，還能把這樣的情緒轉化為動力，造就下一次的成功。

以公司的股價為例，當一家公司的股價跌跌不休時，那麼

一個負責任的老闆，不能只是對媒體抱怨自己公司的股價太委屈，而是應該身體力行，拿出自己口袋的現金，實際去買進自家公司的庫藏股。

如此一來，不只能夠提升股東的信心，對於投資人來說，會認為公司老闆都主動買股票了，那麼現在的股價的確已經見到低點了，因此買盤便會源源不絕而來，股價也能夠回到多頭的走勢。

因此，一個負責任心的領導人，是屬於身體力行並且言行一致的，不只對於自己所說的話負責，還能夠用行動來支持自己說出的話語，從屬下的觀點來看，自然會對自己的老闆產生信心，並且肯為公司努力。

四、受人尊重

一個優秀的領導者都是受人尊重的，若是一個領導者不受屬下尊重，那麼很快地這個領導者將會被取代，會有另一個受人尊重的人取代他的位置，因此，領導者一定要贏得屬下的尊重，才算成為一個真正的領導者。

那麼，到底要如何才能得到屬下的尊重呢？我認為最好的方式，就是帶領屬下贏得勝利，因為獲勝就能夠讓人產生許多的快樂情緒，而且若是一再地帶領屬下戰勝，那麼屬下自然而然會對領導者產生崇拜的情緒，久而久之就會很自然地贏得屬下的尊重。

　　當然，勝利並不是那麼容易獲得，而且更多的時候，領導者經常是面臨困境和失敗的時刻，而這時若能夠帶領屬下從逆境破繭而出獲得勝利，那麼不只將會獲得屬下的敬重，還能夠獲得敵人的敬意。

　　所以，我認為要成為一個受人尊重的領導者，那他一定要懂得如何帶領團隊獲得勝利，唯有勝利再勝利，才能讓屬下看見領導者的優點，進而尊重領導者，若是讓團隊不斷地失敗，那麼屬下只會放大領導者的缺點，進而輕視領導者。

五、員工優先

　　很多公司老闆在公司賺錢時，總是會把大筆的金錢往自己的口袋裡放，一點都不會想分給員工，而看在員工的眼裡，會認為我拼命地幫公司賺錢，卻只是領著微薄的薪水，久而久之自然會想找另一份薪水較高的工作。

　　因此，一個好的領導者，應該是有功必賞，並且是大大地賞賜屬下，才能讓屬下打從心裡佩服領導者，在公司治理上也是如此，一個成功的老闆，應該是把公司的獲利轉化為員工的福利，多多給予員工實質的回饋，等分配給員工後，才會考慮到自己。

　　因此，老闆要懂得尊重人，並且把每一名員工都當成是不可多得的人才，千萬不能夠在員工有過錯時重罰，卻在員工有功勞時輕輕帶過，時時以員工的角度為優先思考，自然會成為一個

優秀的領導者。要成為一個領導者，最簡單的方式就是讓自己有
一顆領導者的心。

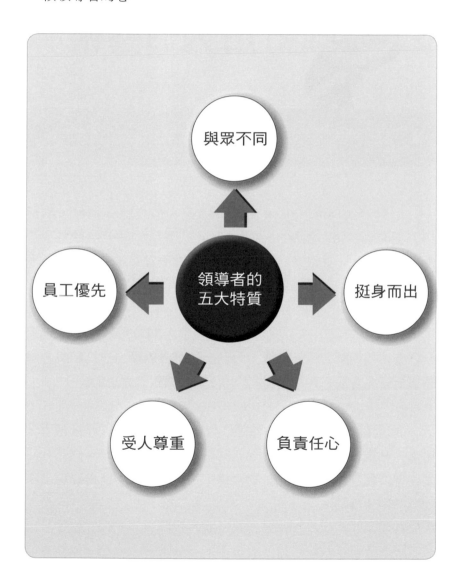

用人的藝術

■ 用人不疑，疑人不用。

　　尼爾森（Don Nelson）是NBA史上最多勝的教練，累積1335場勝利紀錄，執教NBA長達31年的歷史，在NBA歷史上是一名傳奇教練，林書豪當初會先進金州勇士隊打球，很大的原因也是因為總教練尼爾森。

　　尼爾森帶兵一向不按牌理出牌，他會同時用四名後衛搭配一名有出色運動力的大前鋒，大玩小球跑轟戰術，他有時也會同時擺上五名身高在195公分以下的後衛，讓對手難以適應。

　　尼爾森擅長用進攻去控制節奏，以速度和創意打亂對手，可惜在林書豪加入勇士隊後，尼爾森就告老還鄉了，不然若在尼爾森習慣瘋狂「不停試驗」的性格下，林書豪很可能會在勇士隊就開始發光發熱。

用人不疑、疑人不用

最近老闆要我做一件事，就是評估一位新人的表現適不適合公司，若我覺得不適合就Fire掉這位新人，覺得適合就留下新人。

不過問題是我只有一星期的時間，而且我才剛被調到這個單位兩星期，也就是說，我必須要在短短十天左右的時間，決定一個人錄不錄用的問題。

我雖然不喜歡做這種令人討人厭的事情，但是這是主管一定要面對的問題，我也知道，我的老闆也在看我如何處理這樣的事情。

因為若我勉強留下不適合公司的員工，造成公司未來的負擔的話，公司反而會覺得我沒有領導的能力，最後會把我和新人一起Fire掉。

所以，答案就很清楚了，我知道老闆對這位新人很不欣賞，不只因為工作的表現，還有待人接物各方面都不夠成熟，因此，我給老闆的意見就是：「用人不疑，疑人不用」。

既然老闆對這位新人的各種表現沒信心，那還不如不要雇用她，讓她去尋找適合她的公司，這對公司和那位員工來說，都是好事一件。

我也跟老闆表示，因為我們公司不是大集團，不可能慢慢等這位新人成長，而必須是一個戰鬥團隊，因此，我也必須做出Fire掉這位新人的決定。

離職也要有所收穫

我自己本身換過4種工作，公司也待過4間，每一次當我想離職時，我都會問自己：「我在這家公司有什麼收穫嗎？」

因為我希望我可以在職場上不斷成長，而不只是薪水和職位的追求，反而是心靈上的許多收穫。

例如我希望能夠在遇到難題時，學習如何冷靜地去面對，而不是慌慌張張地去處理，我也希望在我做錯事時，懂得如何把危機變為轉機，進而讓做錯小事變為做對大事。

因為如此的想法，所以在那位新人要離職前，我送給她一本書，我告訴她，我希望她好好成長，她雖然目前不適合這家公司，但是我相信她一定可以從這份工作中有所收穫，進而在下一份工作時，達到更好的成績。

克服心中的關卡

在工作一段時間後，每個人難免會遇到瓶頸和壓力，若是承受不了工作上的壓力，有些人往往就會退出公司，另外想找一份安穩、壓力小的工作。不過我的經驗是，通常在一家公司遇到的瓶頸，換了一家公司後依然會遇到同樣的瓶頸，最大的原因就

是，這個瓶頸其實是自己內心無法克服的關卡，而不是外在環境所塑造出來的難關。

所以若你在職場上，真的覺得壓力很大並且快撐不下去時，千萬要告訴自己：「我可以的，我一定做得到。」當你突破難關後，再回頭檢視過去的自己，將會發現到自己又成長了一大步。

每個工作上的關卡，其實都是自己給自己設限的難關，唯有不斷地在心中為自己打氣鼓勵，才能夠克服難關，不斷地向前行。

豪小子心靈雞湯

行正直路的，步步安穩；走彎曲道的，必致敗露。

(箴言 10:9)

5大老闆類型

■ 老闆也是人，也有決策錯誤的時候，更重要的是，不同個性的老闆，所帶出來的員工也會不一樣。

中國有句俗話：「一樣米，養百樣人。」

老闆也是如此，並不是每個老闆的管理方式都一樣，因此，上班族想向老闆要求加薪，首先一定要搞清楚自己老闆的個性如何，基本上，我把所有的老闆分為以下5種類型：

1. 唯我獨尊型

我遇過較多數的一些老闆都是屬於這型，公司上任何大小事，都會插手干涉管，結果老闆不管再怎麼優秀、再怎麼偉大，所下的指令都還是會有一些小錯誤，而即使員工發現，通常也很難跟老闆反應。

因為老闆的直接反應一定是：「我想的一定是對的。」因此反而還會對表達反對意見的員工惡言相向，所以這樣的老闆所

訓練出來的員工，通常都是畏畏縮縮，無法為自己的決策負責的人。

而公司裡的氣氛，也經常沒有朝氣，唯一有朝氣的那天，還可能是老闆要求大家今天要朝氣一點。

這樣的公司長期發展下來，一定會因為老闆的能力而受限，因為當老闆累垮了或是一個重大的決策錯誤，就很容易造成整家公司的失敗。

若你目前遇到這樣的老闆，那麼你應該要有個覺悟，就是你除了順服老闆的命令之外，你還需要找時間和空檔，進修自己的決斷力和決策力。

因為你總有一天一定會離開這樣的公司，所以你要趁這段時間，多多累積自己的實力。

2. 無為而治型

跟唯我獨尊型完全相反的老闆，就是無為而治型的老闆，這類的老闆通常會委託一位他很信任的員工，讓他去發號司令和執行業務，他只單純掛名當個「董事長」，每年就坐享著公司營運後的成果。

像這樣的老闆，表面上是對員工很有利，因為自己不用直接面對老闆，而只需要面對所屬的長官，不過事實上，這樣的制

度執行久了之後，員工反而會在心理上，漸漸不尊重自己的直屬長官。因為只要跟長官意見稍有不合的地方，員工心中就容易想：「你又不是付薪水給我的人，有什麼了不起。」

但是若這樣的老闆，有一個極為優秀的執行長幫他執行業務，那麼公司業績反而會蒸蒸日上，因為執行長可以做為老闆和員工們之間的橋樑和潤滑劑，讓勞雇雙方的關係有很多的緩和空間。

當你遇到這樣的老闆，你可以藉此多融入公司的制度，並且盡自己一切能力爬上高位。

最理想的狀況，就是你可以成為老闆一人之下，員工之上的執行長，如此一來你不只能夠事業有成，還能夠為自己賺進大把薪水。

3. 以身作則型

有些老闆可能以前有很棒的專業能力，例如業務、行銷等能力，因此在公司要執行這方面的業務時，老闆會親自下海執行，而且通常執行出來的成效會有不錯的成績。

不只是因為老闆的專業能力夠，更大的原因還是老闆本身還有經營公司的格局，因此所做的任何決策，都會令公司加分。

通常以身作則型老闆的公司，會有一個現象，就是公司容

易朝某方面專業傾斜,例如若老闆的業務能力超強,公司的訂單一定會源源不絕,不過在其他方面可能會比較弱。例如客服、行銷、管理等制度,可能都還沒跟公司的業績成長同步。

若你在這樣的公司,建議你可以多培養老闆專業所沒有的其他能力,因為當老闆在前面衝鋒陷陣時,一定也需要其他相關的戰士支援,這時若你能夠適時地伸出援手,肯定能夠令老闆印象深刻,在公司的地位也會步步高升。

4. 民主型

民主型的老闆很尊重員工的意見,並且會經常地開會,藉開會來讓員工表決,並讓許多決策都讓員工投票表決,老闆所擔任的角色,就是負責開會的主席,並且在業績檢討時,來檢討當初是誰投票來讓決策進行。

民主型的公司,表面上看起來很注重員工的思想,但是其實公司到最後還是需要一個領導人來做最後的決定,若讓員工做決策的結果便是:把老闆所需付的責任,推給員工去擔負。

當你待在民主型老闆的公司,你首先必須要在開會討論時,時常跳出來表達你的意見,並且引導會議的投票結果,並且讓投票結果的成績非常理想,這樣老闆不只可以維持他「民主化」的政策,並且他會很欣賞你這個好助手。

不過你必須要有充足的準備,來引導公司的會議進行,並

且對每一項決策預先做最好的準備和最壞的打算，如此一來，你才能夠挺身而出，免得你自己本身的實力不夠還強出頭，反而造成反效果。

5. 引導型

有極少數的老闆會在下決策之後，用引導的方式，來激發員工的潛能，他會令員工適得其所，每個人都可以發揮他最大的能量，而當公司做業績檢討時，會把失敗的責任一肩扛下，把成功的功勞歸給員工。

這樣的公司在內部裡會有非常高的向心力，在外部也會有一起作戰的決心，而且員工和老闆會相處的很融洽，員工願意主動地加班和多付出一些心力，當然老闆不只會用薪水回報，在精神上也會給予最佳的支持。

當你待在這樣的公司時，你唯一的目標，就是學習你老闆的領導能力，因為像這樣的老闆可是非常稀少，所以假若你能夠學成老闆的管理方式，將來有一天，你也會成為一個很優秀的領導人。

管理老闆

在公司裡，通常員工是被管理的角色，但是一名優秀的員工，其實應該要懂得去管理他的老闆，因為老闆也是人，也有決策錯誤的時候。更重要的是，不同個性的老闆，所帶出來的員工

也會不一樣。員工也要懂得去適應不同個性的老闆，進而求取自己在公司內的最大發展。

不過千萬要記得，若是遇到管理不良的公司和老闆，也要暫時忍氣吞聲，多學習和多做事，不要馬上辭職，因為一個好員工應該是到任何公司都會成為一個好員工的。

豪小子心靈雞湯

愚昧的人，常以為自己的道路正直，但明智的人卻常聽從勸告。

(箴言 10:9)

從B到A⁺

■ 企業要在逆境中慢慢茁壯，等到景氣回溫時，便可在自己
的領域中占有一席之地。

　　在2012年491期的天下雜誌裡，對於林書豪的崛起，試著從
老闆的角度裡，鼓勵領導者找出「企業裡的林書豪」，也就是在
團隊中，目前的表現或許只有B的成績，但是若能因才適用，給
予適合的舞台發揮，就能夠為公司創造A+的績效。

林書豪的成功公式

　　管理大師吉姆柯林斯（Jim Collins）在他著作《從A到
A+》裡談到，領導人通常分為五級，而帶領企業從優秀到卓越
的第五級領導人，通常都具有幾個特質：謙沖為懷、永不放棄、
低調行事，還有些第五級領導人個性還有點害羞。

　　天下雜誌的封面故事還提到，林書豪為團隊創造了一個成
功公式：

$$\text{B人才} + \text{B組織} = \text{A}^{+}\text{成功}$$

　　放眼NBA各球隊的控球後衛，身體素質比林書豪好的大有人在，因此若林書豪要跟對方硬拼身體衝撞，肯定長久下來會經常累積大小傷，林書豪本身也明白這一點，因此，他必須用他唯一勝出其他後衛的最佳武器——智慧。

　　林書豪是靠學業成績考上哈佛大學經濟系的，因此他的聰明和分析能力肯定在一般人之上，在NBA許多球員當中也肯定是數一數二的，因此，林書豪只要擅用他綜觀全局的視野，分析對方球隊防守的漏洞，再把球分給適當的隊友，自然攻勢就會奇順無比。

　　即使隊友不是明星球員，但是能夠進到NBA的球員，若能有大空檔的機會投籃，肯定命中率一定提高，最明顯的例子就是被戲稱為「新台灣之友」的諾瓦克（Steve Novak），他幾乎是跟林書豪同時崛起，成為NBA屬一屬二的三分線射手。

　　而其他尼克隊的板凳球員與林書豪搭配時，林書豪也能夠提高他們的等級，進而贏得比賽勝利。

林書豪給企業的4堂課

　　富比世（Forbes）專欄作家歐康納（Shawn O'Connor），在林書豪崛起後，便開始分析林書豪的各個成功面向，更試著從林書豪的故事中，衍伸至企業管理上，進而整理出以下「林書豪給企業的四堂課」：

第一課　為團隊打造成功的工作環境。

　　一名領導人在怎麼優秀，都不可能憑一己之力就讓企業成功，唯有依靠團隊的群策群力，才能造就企業的成就，而領導人就是要為團隊打造成功的工作環境，例如可以建立好公司的薪資與獎金制度。

　　員工上班無非是為了賺錢，若老闆因為要降低人事成本，處處跟員工計較，分發獎金時，老闆也是先把獎金放入自己的口袋，剩下的一點零頭在分給團隊。

　　長久下來，即使團隊裡有好的人才也留不住，因此，優秀的老闆應該要給予員工無金錢上的後顧之憂，員工也才能夠專心地為公司付出自己的心力。

第二課　為成功做好準備。

　　老闆們都希望自己的產品或服務大賣，但是若真的大賣時，很多老闆卻沒有真的準備好，例如一間早餐店的老闆想讓客戶多多光顧，因此推出了多樣化的餐點，並且每種餐點的價格都比同樣低了5成。

　　果然一推出就大受歡迎，客人經常擠爆了小小的早餐店，生意也提高了5成，但是老闆卻還是只請了一個工讀生幫忙，因此客人點一份餐點，經常要等超過10分鐘，而很多上班族卻必須要進公司打卡，許多客人來買過一次後，下次就不再光顧了，

結果這家早餐店的來客數漸漸下降，降至原來的來客數水準，但是老闆的餐點已經降低5成，因此總營收還比之前更低，結果這間早餐店再撐了一個月便宣告轉讓了。

生意好隨之而來的是更多的管理與挑戰，包含物流、金流、人才培育等方面。

領導者都要預先設想好，以免好不容易盼到的好業績，卻反而是更大災難的開始，而若要擴大事業，更是要先設想好所有的條件是否成熟。

第三課　堅持到底。

我遇過有些朋友因為覺得目前的薪水太低，因此便想要自己創業做個小生意，而來找我一起討論如何開始創業，對此我一開始都會觀察對方是否只是說說而已，因此從想到做是一段路，從開始做到堅持到最後，則是更長的一段路。

創業的第一年通常是非常慘澹的一年，以我自己的經驗，我在創業的第一年，完全沒有一塊錢的收入，原因就是必須先把銷售款項先支付給廠商、員工薪水、房租等許多費用，雖然我是可以付自己薪水，但是那也只是從公司戶頭轉至我個人的戶頭，意義不大。

所以想創業的朋友們要先看看自己戶頭的錢夠不夠，畢竟當上班族怎麼摸魚，每個月都會有收入進帳，當老闆，可是每個

月不管有無賺錢，都會有固定支出給別人。假如真的一切都就緒，那麼要把事業做成功，就只有一個秘訣：堅持到底。

因為一旦開始創業，很多以前上班沒遇過的難事都需要解決，稍一不慎，很有可能一開始就負債幾百萬，所以想當老闆的人要先問問自己：「若我欠了300萬，我是否還能夠堅持到底繼續創業？」

第四課　把握機會。

企業要成功，最重要的就是找到對的人才，做對的事，很多能力不夠的人擺在高位上，若沒有創業家的奮鬥精神，很容易成為搞垮公司的首要原因，不過對中小企業而言，優秀的人代表需要付出較高的薪資與獎金，所以我建議中小企業要等待景氣谷底的機會。

企業在經營的過程中，一定會遇到景氣的起伏，對於中小企業而言，其實再經濟谷底時，反而是逆勢擴張的大好機會，因為大企業面臨景氣低迷最常採用的措施是裁員減薪，這時便會有許多好人才流進人力銀行。

中小企業這時便可以趕緊從中找尋好人才，進而擴大營運規模，讓企業在逆境中慢慢茁壯，等到景氣開始回溫時，業績也自然呈現三級跳，中小企業便可在自己的領域中占有一席之地。

Part 5

勇敢追夢

當別人跟你說你做不到，代表他們也做不到，你一定要記得，有夢就要去保護它。

慘敗的經驗，無價

■ 林書豪不會因為慘輸了一場比賽，就開始灰心喪志，反而更積極地找尋方法，來尋求下一場的勝利。

　　林書豪暴紅後，在2012年2月23日面臨一場最艱苦的比賽，那就是2012年當年度的奪冠大熱門：邁阿密熱火隊。

　　之前林書豪雖然帶領紐約尼克隊打敗2011年的冠軍隊——達拉斯小牛隊，但是在2012年小牛隊的整體實力是比不上邁阿密熱火隊，因此這場比賽才是林書豪考驗的開始。

失敗的經驗更可貴

　　果然熱火一開賽就祭出毀滅式防守，造成尼克失誤連連，上半場靠著尼克板凳球員發威勉強咬住比數，但是下半場熱火三巨頭火力全開，完全封鎖林書豪進攻路線。

　　終場熱火就以102比88，14分的差距擊敗尼克。出戰熱火之前，林書豪只是一個打了11場NBA比賽的二年級菜鳥，因此在

NBA的大量比賽經驗才是林書豪最大的敵人，面對熱火強大的防守能力和快速協防，林書豪經常在運球被抄截，在突破時被堵死，在切入禁區後受到包夾，可以想見最後輸球是理所當然的。

觀察一個人對於工作的態度，不是在他獲得成就時，而是看他如何面對重大的失敗，在這場比賽之後，林書豪接受訪問說：「我不會因此低頭或放棄，我知道到了球場上就該認真把球打好，我必須自覺的是，到底這場比賽哪裡做錯？自己還有什麼要改進？光想這些就讓我感到有趣了。」

與熱火隊比賽前2星期的林書豪，當時不只在坐冷板凳，並且隨時有可能被尼克隊釋出，如今可以每場先發上場比賽，對林書豪來說就是一場美夢成真的體驗。

因此他明白對於勝利必須謙虛，對於失敗更需要學習，這才是他對於這份工作的最佳態度。

2008年的金融海嘯

2008年美國發生前所未見的金融海嘯，全世界股市應聲崩跌，台北股市當時也從9859點一路慘跌至3955點，許多人也都從這次股市崩盤的過程中，讓自己的財富嚴重縮水，甚至融資者還需要面臨斷頭等慘狀。

易凡是個公務員，他認為單靠薪水無法致富，因此從領第一份薪水開始，就開始嘗試投資股市，他從2002年開始投資，

從20萬開始投資，他信奉美國投資大師巴菲特的價值型投資，因此他所投資的都是大型的績優股，並且長抱著都沒有賣，反而是有存到一筆錢就買股票。

在2007年時，易凡的股票資產，已經達至500萬，那時他還未滿30歲，他因此志得意滿，認為這樣發展下去，他很快就能成為億萬富翁，甚至在40歲前就可以提前退休了。

但是在金融海嘯後，易凡的股票資產快速縮水為200萬左右，這是他投資股市以來最大的挫敗。

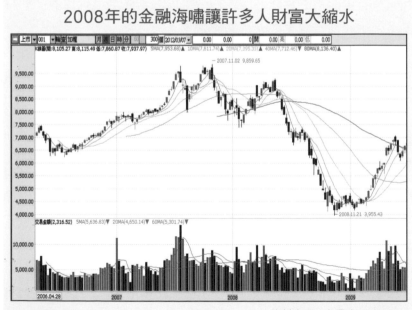

2008年的金融海嘯讓許多人財富大縮水

資料來源：永豐金e-leader

　　易凡因此失落了好一陣子，因為長久以來，他信奉巴菲特的投資哲學，認為不管如何大的利空，他都能讓資產穩健成長，在他之前投資過程所遇到大利空如：美伊戰爭、911恐怖攻擊、SARS等事件，他都安穩地度過了，為何這次金融海嘯還是讓他的資產大縮水。

生於憂患、死於安樂

　　人在順境時總是認為自己的成功是理所當然的，孟子曾說：「生於憂患、死於安樂。」

　　這句話即是說明人在憂患中常能奮發圖強，因而得以生存；若是沉溺於安平逸樂，反而會招致滅亡。

　　易凡經歷了金融海嘯的重大挫折，他開始檢示自己的投資過程到底還有哪裡不足，他發現到巴菲特的長期投資策略雖然是對的，但是巴菲特可運用的資金非常龐大，而且巴菲特手上常保持大量的現金，以備重大利空時來撿便宜貨。

　　在金融海嘯時，巴菲特的確就大舉加碼了許多股票。

　　因此易凡決定調整自己的投資策略，之後當股票來到一定的滿足區時，他便開始分批出場，並且還是維持儲蓄的習慣，等到股票隨著大盤下跌到一定的區間時，他再把股票買回來，這樣他還是沒有脫離長期投資的本質，但是累積資產的速度變得更為穩健。

到了2012年時,易凡的股票帳戶已經接近2000萬,他從重大的挫敗中成長,就像林書豪一樣,不會因為慘輸了一場比賽,就開始灰心喪志,反而更積極地找尋方法,來尋求下一場的勝利。

豪小子心靈雞湯

在指望中要喜樂,在患難中要忍耐;禱告要恆切。

(羅馬書 12:12)

為**夢想**做準備

■ 只要你肯夢想並且有執行力，你就擁有了創造的力量。

　　林書豪颳起的風暴，不單使得紐約尼克隊的比賽成為了全美最受關注的賽事，林書豪也成為眾多人的偶像和榜樣。

　　他的成功所引發的迴響早已超出了體育賽事，也顛覆了亞洲人在美國的刻板印象。有媒體用這樣一個詞來形容林書豪：Linderella，認為他的經歷，就是一個灰姑娘故事的新版本。

　　命運多舛的他先後成為金州勇士隊和休士頓火箭隊球員交易的犧牲品，直到最後一刻才被尼克隊收留。因為擔心隨時會被釋出，所以他並未替自己找個固定住處，就只能暫時寄宿在哥哥或隊友的沙發上。

　　就在2012年2月5日這天尼克隊與紐澤西籃網隊的比賽，讓他抓住主力空缺機會，帶領隊友打贏了紐澤西籃網隊，一戰成名，成就了屬於他的美國夢。

隨時準備好

你有什麼夢想呢？「創業、出國旅遊、發大財…」等等事情，這些有沒有曾經是你的夢想？

每個人都有夢想，但是為何有人能夠實現自己的夢想，有人則還是總止於做做白日夢呢？因為大多數的人被現實生活所牽絆著，舉我的例子來說，我夢想是可以出國旅遊一個月，但又會開始找無法成行的理由。

例如我必須要跟公司請假一個月，然後會被老闆罵的臭頭，或者是錢存不太夠，沒有預算出國，又或者是家裡小寶寶還很小，帶出去玩太累了，還不如在家休息。

總而言之，我通常會找很多藉口，結果就是讓自己的旅遊計畫一延再延，但是其實在週末時的旅遊，通常是很隨性地出遊，根本也不會考慮東考慮西，我想最大的原因就出在自己的心態。

自己的心態若是隨時準備好做某件事時，那麼在平常的時候，就會為這件事去準備和努力，一旦時機成熟，不用想太多，直接就可以完成某件事。

實現夢想也是如此，平日多為自己的夢想做準備，總有一天，不會只在做白日夢，而可以輕易地成為一位「圓夢達人」。

夢想 ＋ 執行 ＝ 創造力

　　我曾經看過一篇文章，內容是講述什麼是創造力，作者提供了一項概念，他認為只要你肯夢想並且有執行力，你就擁有了創造的力量。

　　的確如此，以前有人有夢想可以飛上天空，並且真的去盡一切力量去執行，結果就創造了飛機，讓人可以在天上飛。

　　後來更創造了太空梭，讓人類可以飛出地球，這就是創造力。每個人都有自己的夢想，但是有多少人肯拿出行動去執行呢？

　　我想包括我在內，多數人都無法去執行自己的夢想，當然最後也無法擁有創造力，執行夢想真的有那麼困難嗎？很多時候或許是如此，我們會因為工作太忙太累、時間太少等種種理由，而讓自己甘於目前忙碌的生活，不敢奢望有一天會去達到自己的夢想。

　　但是也就是這樣畏縮的心理，讓自己的人生毫無樂趣可言，每天唯一的任務，就是工作填飽肚子而已。

　　我很喜歡薪水掌握在自己手裡的感覺。因為我知道每個月我能得到多少收入，都是我自己所應得的，當我當月份業績不好，我會檢討自己是不是哪裡還做的不夠好，進而讓自己下月份

的業績能有所提升。我經常遇到很多朋友跟我說：「她最大的夢想，就是老闆可以加薪水，因為她已經好久沒加薪了。」

對此我都會鼓勵朋友轉換自己的工作職位，從事當業務性質的工作，因為要當一個業務，需要不斷地讓自己有正面的思考，並且透過與客戶不斷地溝通協調，到最後會變成一位全方位的成功人士，加薪對一名業務員來說並不是夢想，而只是一個成功的顯現，而是對自己努力的肯定。

豪小子心靈雞湯

耕種自己田地的，必得飽食；追隨虛浮的，足受窮乏。

（箴言 28:19）

爭取
表現的舞台

■ 當老闆賦予我們一項重要的任務時，要珍惜這樣的表現機會，好好的發揮自己所擁有的工作技能。

2006年時，林書豪從高中畢業後，原本當時他的第一志願是史丹佛大學，因為史丹佛大學的籃球校隊是傳統勁旅，但是當時史丹佛不提供籃球獎學金，也就是說即使林書豪能夠進去讀書，但是不保證能去打球。

後來他選擇東岸名校哈佛大學就讀，因為在哈佛大學他可以成為校隊主力球員，他有充分的舞台可以發揮，後來他在長春藤聯盟比賽努力地表現，成為有史以來第一位生涯得分超過1450分的球員。

○分可以進大學

在以前的社會裡，讀書是少數有錢人可以獲得的權利，但是隨著人民的所得和生活水準的提升，如今每個人都可以去讀書。

不過人人都可以得到高學歷後，卻不代表每個人都能在社會上有所成就。

我本來就認為學歷不代表工作競爭力，沒想到有一天我翻開報紙時，頭條居然是「〇分可以進大學」，這更令我深信，一個人的社會競爭力絕對不是學歷，而是出社會後的「態度」。

近期老闆和我決定Fire掉一位新人，這位新人的學歷是國內頂尖大學的高材生，外型也很亮麗，不過她有個很大的問題，她對主管和同事間的態度不好，這個態度是當你請她完成一件事時，她首先會臉臭，然後開始跟你辯論，說她覺得怎麼做就好啦，何必一定要按照我們建議的去做。

問題是，在學校裡做錯了，頂多分數較低，甚至報告重寫就好，在商場上錯了，輕則不賺錢，重則將毀掉一間公司，這也是當所有人都兢兢業業去完成一件任務時，絕不容許這當中有人在扯後腿。

薪水才是你的分數

〇分可以進大學了，可以想見未來社會新鮮人的「態度」將每況愈下，面對這個情勢，我想身為社會人的我，將只會對這批人，看成是唸了「七年」的高中畢業生了。

目前讀大學已經幾乎沒有門檻了，只要你有錢有時間，自然可以找一所大學去拿學歷，但是學生一旦畢了業，卻依然要面

對社會上的競爭，因為在社會上，薪水就是每個人的分數。

有的人反應快、經驗夠、危機處理能力強，自然可以得到高薪，但有的人做事散漫、抱怨多、溝通能力差，也自然領最低的薪水。

因此，在如今每個人都幾乎擁有相等級的學歷時，大家所要追求的，反而是個人內在實力的提升，而不只是書本上的知識。

成功，
是留給努力撒種的人

把握機會表現

在學校裡，報告或是作業若做的非常好，通常都會獲得老師的加分，但是出了社會卻是完全相反。

無論你做的如何好，老闆都會從中挑毛病，並且還會要求你好還要更好，所以很多在學校裡成績很好的學生，出了社會後反而很難適應公司的環境。

這是因為在學校裡的老師不需要經營企業，只負責學生準時的出勤和交作業，但是社會上的老闆們，必須面對許許多多的難題，稍不注意就會被同業超越，甚至有些重大缺失沒有發現，造成公司極大的損失時，通常會毀掉一間企業。

我們經常聽到的「商場如戰場」，便是這個道理，因此在社會上，想獲得老闆的賞識，最好的方式就是讓自己跟老闆的想法一樣，凡事站在公司的立場去想，久了之後，老闆自然會給你豐厚的報酬。

林書豪在2010年跟金州勇士隊簽下2年合約，但沒有表現機會，隨後被釋出，後來又被休士頓火箭隊簽下，但在球季開打前一天，他又被釋出了。林書豪回憶這段過程時說道：「有好幾晚，我流下了眼淚，我再也承受不住。」

林書豪表示，「當時我真的覺得撐不下去了，雖然週遭親

友會跟我說，『沒那麼糟啦！至少你還是在領NBA的薪水。』
但就我而言，真正讓我覺得受傷的是，我連證明自己身手的機會
都沒有。」

　　因此當老闆賦予我們一項重要的任務時，不要先抱怨老闆
為何要這樣故意找員工麻煩，換個角度想，要珍惜這樣的表現機
會，好好的發揮自己所擁有的工作技能，才能讓自己不斷成長。

豪小子心靈雞湯

你要專心仰賴耶和華，不可倚靠自己的聰明。在你一切所

行的事上都要認定祂，祂必指引你的路。

（箴言 3:5-6）

1

2

1

保護自己的夢想

> ■ 當別人跟你說你做不到,代表他們也做不到,你一定要記得,有夢就要去保護它。

　　我曾經看過一部電影——「當幸福來敲門」,故事內容是敘述一名破產離婚的男主角,如何奮發向上,最後終於成功的故事,在這部電影當中,我印象很深刻的是男主角對他的兒子說的一段話:

　　「任何人都不能跟你說你不行,包括我,因為當別人跟你說你做不到,代表他們也做不到,你一定要記得,有夢就要去保護它。」

　　是的,有夢就要去保護它,在我們的人生當中,曾經做過了多少美好的夢想,但如今我們實現了任何一個嗎?

　　我想大多數的人跟我一樣,很多夢想都未實現,因為我們會找很多的藉口,例如工作太忙、沒時間、沒有錢等理由,這些

都是我們經常告訴自己，無法實現夢想的理由，到最後很多夢想就真的變成了白日夢。

事實上，這部電影的男主角，曾經因為破產而和流浪漢排隊擠在教會裡的流浪漢之家，有一次，他和兒子因為太晚沒有排到床位，結果沒有辦法，只好在捷運站裡的廁所睡了一晚，太多太多的困境和折磨，打擊著這位男主角。

但是唯一不變的，是男主角沒有讓自己在心中夢想的那把火熄滅，他不斷地鼓勵自己、激發自己、肯定自己，一次一次流著淚告訴自己一定會成功，他從來沒有放棄自己的夢想，所以到最後，夢想也沒有放棄這位男主角。

保護夢想

很多人在買東西時，都會考慮到自己的薪水有限，無法買太貴的東西，因此會紛紛去找尋較便宜的東西，無奈在現在的社會裡，很多東西之所以賣得便宜，是因為偷工減料，有些食品甚至添加了一些非法的添加物，才會賣得如此低的價錢。

因此我自己在買東西時，不會特地會要找尋最便宜的價格，反而會選擇品質最好的商品，並且用最划算的價格去買下，而在面對自己的薪水時，卻會想一切辦法，來讓自己的薪水大幅增加。

假如我從事的是業務工作，我所領的薪水，是以低底薪加

高獎金的方式領取，因此我若想要得到很高的薪水，我必須要有很高的業績才能有高獎金，最後才能讓自己的薪水越來越多。

近年來有許多上班族，開始離開自己當下的職位，進而去追求自己想過的生活，有的人離開電腦工程師的工作，當鄉下當農夫；也有人放棄金融業的高薪，享受當作家的樂趣；更有人乾脆全家搬家，從都市搬到農村，體會生活悠閒的感受。

我非常高興看到越來越多人努力地去實現自己的夢想，這些圓夢達人或許賺的錢沒有以前多，但是他們所經歷的快樂，肯定比以前多很多，並且更難得的是，這些圓夢達人並不需要花太多錢、佔用太多時間，就能夠達成他們的夢想。

可見實現夢想不一定要花大錢，重要的是你要懂得快樂的生活，這也就是樂活的定義，我再用「當幸福來敲門」裡面的那一句話，來與大家分享：「當別人跟你說你做不到，代表他們也做不到，你一定要記得，有夢就要去保護它。」

豪小子心靈雞湯

少種的少收，多種的多收。

(哥林多後書 9:6)

Part 6

成功之路

任何成功的人一定有勤奮的特質，甚至任何一個
失敗的人，也唯有依靠勤奮，才能夠反敗為勝，
重新邁向成功之路。

6 Chapter

成功之本

■ 王永慶：「年輕人進入社會時，什麼工作都可以去做，都會有前途。」

　　林書豪在美國NBA一夕爆紅，但是很少人知道林書豪差一點就去當牧師了，原來是當時他被金州勇士隊釋出時，其實他非常灰心，認為他的NBA之夢已經沒了，不過他還是堅持下來，最後才有機會在尼克隊發光發熱。

週休二日是第一選擇？

　　大家出了社會後，總是一心一意想要獲得成功，但是過了幾年之後，有的人事業極為成功，有些人的成就還是跟畢業時差不多，到底成功有沒有秘訣？難道成功的人是因為運氣很好嗎？

　　你現在找工作以什麼為標準呢？是以工作環境、薪水多寡，還是以週休二日為選擇條件？選擇工作條件每個人的狀況不同，但是，我想上述三個條件當中，以「週休二日」為目前年輕人找工作的必要條件，只要一份工作沒有週休，即使薪水再高，

或是工作多自由，他們通常都不會選擇這樣的工作，因為新世代的年輕人認為：生活品質比賺錢還重要。

週休二日的確可以有很多自己的時間，假日可以安排去郊外走走，或是選擇在家睡大頭覺，但是，若年輕人從一開始就以週休為找工作的目標，相信是無法成功的。

因為，剛進入職場的年輕人劣勢就是缺少工作經驗和資金，而這兩項能力，都是需要勤奮的工作來累積，假使年輕人可以辛苦地工作幾年，累積了一定的經驗和資金，再來選擇週休的工作也不遲。

「懶」為萬惡之源

在國中時期，我的一位英文老師曾經教導一句話：「背不起來單字沒關係，至少唸那個單字一百遍，一定會有效果」，到現在我還是清晰地記得這個小訣竅，雖然我的英文依然還是很破，但是，我卻因此學習到了這樣的工作態度，也就是即使一開始做不好，卻可以用更多的時間和精神再去努力，一定有機會可以成就。

我很喜歡寫作，從小的夢想就是成為一個作家，可是過去因為懶惰，寫文章的量有一篇沒一篇，到現在還是不能完成一本書，我曾經遇過一個財經作家，他寫作的速度極快，可以一個月出一本書，雖然他的銷量不是頂好，但是他是抱著「薄利多銷」的觀念來出書，也就是說，他靠著多出書，一方面可以磨練自己

的寫作功力，另一方面，還有機會多賺點稿費。看到那位作家的驚人「產能」，我心裡也深受到他的刺激，因此從那以後開始自我勉勵，每週除了週末以外，每天都要寫一篇關於職場上的文章，希望將來可以達成當作家的願望，即使不能出書，至少也可以透過寫作的過程，讓自己把職場上的各種心得紀錄下來。

成功之本

在王永慶中年事業有成時，有一次他受邀到輔仁大學演講。台下的學生問他對剛畢業的年輕人有什麼建議。

他回答道：「年輕人進入社會時，什麼工作都可以去做，都會有前途，只要你肯在企業界努力學，一年就能夠得到企業經營的概念，若持續三年後，就可以展開雄心大略之路。」

王永慶是台灣的經營之神，他大可在事業成功後，開始享受有錢人的生活，不過他不只維持著儉樸的生活，並且還是很勤勞地工作。由此我們可以得到一個簡單的結論，成功的秘訣簡單來說，就是「勤勞」二個字，每個人只要能夠勤勞一段時日，必定會有一番成就出來。

無論你在一生當中，想達成什麼樣的人生目標，你都一定要有勤勞的能力，閒話少說一點，事情多做一點，任何成功的人一定有勤奮的特質，甚至任何一個失敗的人，也唯有依靠勤奮，才能夠反敗為勝，重新邁向成功之路。

創業的
3大成功條件

■ 凡事都要先做好規劃，不管是要創業還是要當上班族，每個人都要先計畫好。

　　《富爸爸窮爸爸》這本書問世後，所造成的轟動至今不減，不只成為每年長銷的財經書籍，書中所倡導的「人不要為錢工作，要讓錢為你工作」觀念，更是扭轉了許多上班族的思想。

　　進而每個人心中的創業基因開始萌芽，並且也隨著網路的盛行，造成近期一陣創業風潮。

你也是比爾蓋茲？

　　歷史上很多大富翁的確都是靠著創業致富，我也非常鼓勵別人有機會的話，就勇敢去創業，不過有個問題來了：「社會新鮮人應該一畢業就創業嗎？」

　　這個問題見仁見智，因為最好的創業例子，微軟的比爾蓋茲和Yahoo的楊致遠等人，都是沒有讀完大學就開始創業，如今

的成就遠遠超過一些讀了很多書的博士生，對年輕人來說，這的確是個最激勵人心的創業成功案例。

不過有個被人忽略掉的現實是：有成千上萬個人創業，才產生一個成功的比爾蓋茲。

但是很多人都自以為自己是下一個比爾蓋茲，因而勇敢地去創業，我雖對此抱著鼓勵的看法，但是我知道大多數人，因為沒有做好創業規劃，反而因為創業欠了一大筆債務。

所以我並不是反對創業，而是凡事都要先做好規劃，不管是要創業還是要當上班族，每個人都要先計畫好，如此才能跨出成功的第一步。

創業只憑一股熱忱就夠了嗎？當然不夠，我認為要創業成功，至少要先具備以下三項條件：

1. 團隊

除非你想開一人公司，不然的話，你一定要組一個公司團隊，我認為在創業初期，你至少要找到另外一個人來跟你一起打拼，否則光靠自己一個人硬拼，絕對很難成功。

既然要組團隊，就一定要用白紙黑字用合約寫下來，合約上寫明，誰是最大股東，誰是執行長，因為即使是只有兩、三個人的小公司，依然還是要有一個人來做最後的決策主導。

中國有句俗話說：「三個臭皮匠，勝過一個諸葛亮。」

在最初的創業時期，通常都是企業為求生存的關鍵期，因此一定要多找人加入你的公司團隊，多一點人手幫你，你才愈有可能成功。

2. 資金

資金對於一家企業的重要性，就等於水對於一個人的重要性一樣，是絕對不可或缺的一環。

創業初期的資金通常很短缺，不只需要產品研發費用，也需要人事費用、行銷費用、租金等等營運資金，因此若你沒有準備好足夠的資金，就千萬不要貿然創業。

雖然每個行業所需籌備的資金不一，假設創業需要一百萬的資金，我建議你至少需要準備40萬的現金，也就是40％的準備金。

因為如此一來，你依然可以保持最大股東的身分，對於公司的經營規劃還是有主導權，而且由於60％的股權還是在別人手中，因此做任何決策時，也不會完全地獨裁，可說是一舉數得。

3. 經驗

報章雜誌總是對一些成功的創業案例，做很誇張的報導，

容易造成年輕人許多錯誤的觀念，以為創業不會很困難，只要勇敢去創業就會成功。

事實上，創業更需要的是過去的工作經驗，因為經驗代表的是許許多多的失敗和成功加總，而若想在創業一開始就成功，就必須減少失敗，直接一口氣就達到獲利的目標。

而要達成這樣的成績，當然還是需要經驗的累積，所以年輕人若是沒有任何工作經驗，建議可以找有工作經驗的創業夥伴，或是找長輩加入你的團隊，如此一來，透過他人的工作經驗，還是有可能一開始就創業成功。

當過上班族

創業的風險非常高，並且要創業成功的條件也非常多，舉凡團隊、資金、經驗等條件缺少其中一項時，就很容易造成公司提前夭折，這其中我認為最重要的一項創業成功的條件，就是創業家至少「要當過上班族」。

原因很簡單，就是一句廣告詞：「要刮別人的鬍子前，先把自己的鬍子刮乾淨。」

也就是說，要在公司成功領導一個團隊，就要自己成功地「被領導過」，這是學習創業最長也是最穩的一條路。

學生族一畢業總是自視甚高，例如總是告訴別人說：我可

以當創業家、我可以當投資家、我可以……，但是，從我這個「社會人士」看來，目前的社會新鮮人總是雙手交叉著，出著一張嘴說：「我是將來的比爾蓋茲」或是「我是巴菲特接班人」，說的富麗堂皇，結果什麼事都沒完成。

因此，我對於「上班還是創業好？」的答案很簡單，肯拿出雙手做事的，無論是上班或創業都好，不肯做事的，什麼都不好。

因為出社會不像在學校，只要寫幾份文章，上台講一講報告，學分和學位就到手。

出社會是要看你能否為公司帶來實際獲利的，也就是說，你能夠用你的能力為公司賺到錢，你就是公司金雞母，賺不到錢，你就該想辦法賺到，不然，你就遲早得走人。

做事最重要

年輕人畢業後最需要選擇的，不是要找什麼樣的工作，或是要不要創業的問題，而是要學習如何「沒有自我」，學習多做事、少說話的態度，學習如何培養人際關係等課題。因為在學校裡，老師多會鼓勵你做個人英雄。

例如你的學業成績要高分、報告要做的精美、學校要讀名校等話語，造成每個人都以自我為中心，很少設身處地為他人著想。因此，在畢業後，新鮮人要趕緊忘記過去在學校的那一套，

因為那樣的思考模式，在競爭激烈的商業叢林裡，是不管用的。

社會是現實的，不是你有做事就會成功，很多時候你會白忙一場，因為有比你更努力的人超越你，所以你有做事不一定會成功，更別談「只出一張嘴」的社會新鮮人了。

豪小子心靈雞湯

事情的終局、強如事情的起頭，存心忍耐的、勝過居心驕傲的。

(傳道書 7:8)

5大創業精神

> ■ 創業要成功，首要的第一步，就是把你的心態準備好，用「心」去創業，在面對所有的創業難題時，你就能夠找到解決的方法。

　　要創業成功，除了要籌備資金、組織團隊、加強行銷等外在的努力外，創業家最重要的，還是要在內心不斷激勵自己，讓自己不斷克服一切困難，不停地往前行。

　　我因為工作的關係，經常會面對一些公司的老闆，在訪談的過程中，我都會問他們的創業精神是什麼，經過整理歸納後，我把創業精神分為以下五大項：

一、不成功不罷休

　　一般人在創業時，經常會面對許多無法解決的難題，例如資金短缺，到處借錢就是沒人要借你錢，很多人在創業初期，都很容易因為資金周轉不靈的關係，而讓辛苦建立起來的企業倒閉。但是真正的創業家不會放棄，無論遇到什麼樣的狀況，他們都會運用他們的智慧去克服。

假設他們也面臨到資金周轉不靈的問題，那麼真正的創業家可能會忍痛裁掉員工以節省成本，減少一條生產線以壓低生產成本，甚至拿資產跟銀行抵押做紓困。

無論如何，創業家在創業的過程中，不達到成功絕對不罷休，因此不管你目前遇到什麼樣的難題，你一定要把四個字放在心裡：「永不放棄。」

通常放棄是很簡單的一件事，堅持下去反而非常困難，這也是這麼少人創業成功的原因，因為很少人能在創業過程裡不斷地堅持，永不放棄。

二、不能接受平凡

大部分的人在學校畢業後，通常都會希望去找一份安穩的工作，有個固定的收入，過著平凡的人生就好，但是創業家卻不是這麼想，創業家會想要開創自己的事業，他想要給人工作，而不是要別人給他工作。

因為創業家知道，若是過著別人給他工作的人生，即使短暫看起來生活很平穩，但是長期下來，卻是風險極高的一項選擇。

因為當景氣遇到谷底時，很多企業都會採取裁員減薪的動作，這時待在公司越久的員工，因為所領的薪水級數較高，因此通常都會成為首波被裁員的對象。

　　創業家看出了這樣的一個不安定的人生，因此他不想要接受大眾所謂平凡的生活，他想要創造一個事業，不只可以給人工作，而且還可以透過企業的成長，給予更多工作機會，進而造福整個社會。

三、敢冒險

　　基本上，創業本身就是一項冒險的過程，會從安穩的上班族轉換為一個創業家，就是一個很冒險的事，因為這意味著，他將從有固定收入的身分，轉換為沒有固定收入，並且還要給予別人薪水的身分。

　　這還只是公司成立初期的冒險部分，若是公司順利生存下來，那麼創業家還要找出讓公司成長的方式，而通常要讓公司再成長賺錢，就必須要有更多的投資，不管是找更多的員工、開發更多的商品、企劃更多的行銷活動，每一項都是一個有風險的賭注。

　　因此，若你想創業的話，你一定要有「敢冒險」的心，若你的心態總是怕失敗、怕風險的話，那麼你總有一天真的會失敗，你必須要有勇氣來面對創業的各項難題，不要讓恐懼摧毀了你的執行力。

四、永不懈怠

　　「錢多事少離家近」，通常是社會新鮮人在找工作時的願望，事實上，創業家一旦開始創業，就必須保持沒有休息的狀

態，隨時隨地都要為事業成功而打拼，除非公司穩定獲利，不然企業家是不會讓自己安逸下來的。

有一句名言是如此說的：「世界上有兩種人，一種是做事的人，一種是坐享其成的人。若有辦法，盡量當第一種人，那裡的競爭比較少。」的確，偷懶是人的天性，做事情通常都是勞心勞力的工作，所以肯做事的人一定是佔少數的。

因此，若你是一個肯做事的人，基本上你已經贏了大部分的人了，只要保持不懈怠的精神持續努力，不管在創業的道路上遇到什麼難題，你都能依靠著勤奮工作去克服，因此，千萬不要懈怠下來，如果你要創業成功的話。

五、熱愛工作

談過戀愛的人都知道，當你喜歡上一個人，你會整天想和他在一起，想一起逛街、吃飯、看電影，你會願意花時間在情侶身上，原因很簡單，就是你愛上了對方，這種愛的力量，可以讓一個人充滿力量，臉上保持容光煥發。

若創業家能把談戀愛的心態轉換為熱愛工作，那麼我相信無論在工作上遇到什麼瓶頸，一定都能克服，因為心中充滿了熱忱，做起事來自然不會覺得辛苦，因此創業要成功，要保持「熱愛」的心是很重要的。

有人會在創業時，面對到家庭無法兼顧的局面，由於創業

需要全心全力投入，有時候陪家人的時間就減少了，對此我還是希望創業家能夠盡量撥一些時間給家庭，把家庭放在第一位，因為這麼辛苦創業，還不是為了維護一個家庭。

因此若家庭沒有顧好，那麼即使創業成功了，也失去了成功的意義了，花時間陪家人和保持熱愛工作的角色並沒有衝突，只要時間管理做的好，我相信創業家一定可以兩頭兼顧的。

熱愛你的工作，並且多陪陪家人，創業這條道路上，即使你走得辛苦，還是會有家人在旁支持你。

用心創業

掌握了以上五大創業精神，我相信你應該有所領悟，其實創業要成功，首要的第一步，就是把你的心態準備好，用「心」去創業，只要你肯把心理面建設好，在面對所有的創業難題時，你就能夠找到解決的方法。

豪小子心靈雞湯

我們行善，不可喪志；若不灰心，到了時候就要收成。

(加拉太書 6:9)

人生的4大階段

■ 在做每一個決定前，除了自己分析之外，也能夠多問問親戚朋友的意見。

　　假設你做了一些努力，並且也讓自己在各方面的能力都大幅地提升，不過老闆還是沒有意思要加你的薪水，那麼這時候你或許已經按奈不住，打算另外找一家好公司轉職了。

想清楚離職的理由

　　不過若是單純為了無法加薪而離職，我個人還是不太贊成，因為老闆不加薪也許有幾個原因。

　　也許他還打算多觀察你，也許他計畫用年終獎金來獎勵你，也許他還沒有注意到你。

　　因此你千萬要想清楚離職的理由，不過我希望你的理由千萬不要是「興趣不合」，這就跟情侶分手後的理由是「個性不合」一樣，都只是找個理由來搪塞，並沒有好好想清楚自己到底

為何要離職，工作一段時間後，基本上每個人都會遇到一個「撞牆期」。就是覺得自己在這家公司已經發展到極限了，自己的能力也無法再提升了，每個人的撞牆期都不一樣，平均來說每個人在一家公司待了二年至五年左右，就多多少少會有撞牆期的情況產生。

專業還是管理

假設你真的打算離職了，那麼你要想清楚你下一份工作的內容要走哪一方面，是要繼續走專業化的道路，還是要朝管理階層發展，二者的工作沒有好壞，純粹是每個人的選擇而已。

專業化的道路是指技術或是業務人員，以業務員為例子，若你要轉換當業務員的跑道，那麼你就要考量自己是否能夠承受當業務員的許多壓力，並且對於溝通協調方面的能力是否足夠。

基本上很多Top Sales是完全沒有任何職位的，因為超級業務員所要管理的就是他的客戶群，客戶跟業務員買越多的商品，業務員就賺越多的薪水，因此假設你以後不想要當主管，建議你可以在專業的職位上繼續深耕。

假設你以後最大的目標，就是當上經理甚至是公司的CEO，那麼你就要評估自己對於組織管理是否有把握，因為主管要背負的是整個部門的營運績效，不只要把單位業績帶起來，最重要的是要能夠與底下的員工溝通，一個成功的主管，應該是老闆與員工之間最好的橋樑。

專業和管理職的區別，有點類似球場上球員與教練的區別，一個球員或許球技有一定的極限，不過他卻有訓練管理的能力，能夠訓練出一流的球員出來。因此在你要選擇專業和管理職時，你最好要先清楚自己到底有哪方面的長才，如此一來才能夠在未來的職場上，找對自己的道路。

機會與風險

在投資市場上，利潤與風險是成對比的，你若想要越高的利潤，那麼你就必須承受的了越高的風險，例如你想從股票市場上大賺一倍，那麼你也必須要有心理準備，可能會因為股價下跌，而讓你的資產縮水5成。

在面臨轉職的問題上也是如此，你必須要考慮到換到一家新公司的後果，新公司的薪資有比現在高嗎？工作團隊是否堅強？能不能讓你學到更多東西？要不要花更多的時間通勤？能夠跟新老闆處的好嗎？……等問題。

許許多多的問題，你都要去發掘出答案，因為大多數人離職的理由，是因為不滿意現在的公司環境，感覺繼續做下去沒有什麼前途，不過這樣的離職理由，很有可能在下一家公司會面臨同樣的狀況。最主要的原因，會想要離職並不是因為公司待你不好，很可能自己無法突破自己，造成你會有個錯誤認知，認為下一家公司會帶給你更好的福利和成長。

事實上，當你在一家公司上遇到瓶頸時，通常在每一家公

司都會遇到相同的瓶頸。因此建議你在考慮轉職時,把新公司和目前的公司做一張SWOT比較表,仔細地分析你在新公司和目前公司的優勢、劣勢、機會與威脅,我相信透過這樣的分析比較,你一定能夠知道到底該不該轉職。

人生的4大階段

我認為人的一生,若以年紀來分的話,可分為4個階段:

1. 25歲至30歲:學習與成長階段
2. 30歲至35歲:決定行業階段
3. 35歲至45歲:衝刺事業階段
4. 45歲至55歲:收成和準備退休階段

在這4個階段當中,社會新鮮人理所當然的是屬於第一階段,學習與成長階段,在這個階段裡的上班族,應該多學習以前在學校裡沒有教到的學問,尤其是在待人處事、溝通協調、組織管理上等方面,這些實務上的經驗是唯有自己親自去體會才會深刻學會的學問。

我認為在30歲至35歲時,是你可以選擇轉職的階段,因為在35歲以前,你已經經過了職場上的一些學習,也經歷過一些失敗,最重要的你有了一些經驗,而這些經驗將有助於你找到適合的行業。不過假如你已經進入35歲至45歲的階段,建議你就不要再轉換行業了,你應該在你目前所選定的行業裡努力衝刺,在這個階段建議你不只不要轉換行業,也不要輕易跳槽公司,而

是應該全力衝刺目前的工作，同時學習如何去投資理財，開始為下一個階段做準備。

若是你在第二和第三階段夠努力，在45歲至55歲的階段，你在職場上應該已經有了一定的職位，或是你的銀行存款裡已經存了一筆錢，因此在這個階段，你可以開始思考要如何去過退休生活，並且學習如何在退休時正確的理財。

做最好的準備

該不該轉職的答案，每個人的狀況不同，但是我建議你可以在做每一個決定前，除了自己分析之外，也能夠多問問親戚朋友的意見，尤其是你的長輩們的意見，因為他們的社會歷練和工作經驗比你久，看的也絕對會比你還遠。

因此你可以多聽聽他們的看法，而不是以自己的感覺去下決定，而無論你到最後會不會轉職，我都希望你做最好的準備，讓自己在各方面的能力都繼續提升，讓自己不斷地進步，就是你將來成功最好的保證。

豪小子心靈雞湯

因為神賜給我們不是膽怯的心，

乃是剛強、仁愛、謹守的心。

(提摩太後書 1:7)

換工作前的自我SWOT分析

　　換工作，一定要謀定而後動，而不是隨便找個藉口就離職，不然這間公司遇到的問題，在下一間公司也會遇到。

Strength：優勢

列出目前公司的優勢：
◎ 你是否能夠與同事有效溝通？
◎ 有效利用公司資源？
◎ 已經有固定的客戶群？

Weakness：劣勢

列出目前公司的劣勢：
◎ 公司同事惡意排擠？
◎ 公司資源是否不足？
◎ 公司規模太小？

Opportunity：機會

列出新公司的機會：
◎ 新公司的福利比較好？
◎ 新公司的職位是否比較高
◎ 新公司的老闆是否正直？

Threat：威脅

列出新公司有哪些威脅：
◎ 新公司未來10年之發展為何？
◎ 新公司的產品週期在成長期？
◎ 哪些因素會威脅新公司的生存？

建立自己的價值觀

> ■ 人生當中的許多選擇，金錢不是唯一的考量，重要的是如何過出有意義的生命內容。

　　林書豪是在美國出生長大的華裔，雖然他舉手投足所呈現出來的是道地的美國人，但是其實他的內心還是保有亞洲人謙遜、勤奮、包容等特質，這也是因為林書豪的家庭教育所成功培養出來的品格。

　　林書豪成名後，很多廠商爭著找他代言，但是林書豪不為所動，他不想因為賺錢而代言，反而會願意投入自己的時間和金錢給公益團體，他曾表示，若有一天他必須不打籃球了，他不會去華爾街領高薪，而是要去教會工作傳福音，做個全職傳道人，或是社福團體的志工。

　　美國許多黑人家庭出生的小孩，大多數是屬於家境貧困的狀況，因此有運動細胞的就去練球，很會唱歌的就往音樂界發展，期待將來能夠因此擺脫貧困一族，但是林書豪打NBA並不

是想賺大錢翻身，而是單純地對籃球的一份熱愛，他甚至還跟記者說過，若在他成名之後，他的態度有變得驕傲時，請一定要提醒他。

金錢不是唯一考量

Vivian從畢業後就在出版社當美編，因為出版行業的關係，Vivian經常要加班工作，有時會回到家都已經快11點了，本來單身的時候，Vivian還不以為意，不過後來Vivian跟她認識多年的男友結婚後，就開始有些問題了。

因為工作時間過長，Vivian平常陪伴家人的時間幾乎沒有，一到周末夫妻倆又想好好休息，因此也很少有休閒活動。

長久下來，其實兩個小夫妻的感情是越來越冷淡了，好在後來Vivian懷孕有小孩了，夫妻之間的關係也因為小孩當潤滑劑有所改善。

不過小孩出生後，Vivian若把小孩托育給保母，一方面托育費用很高，二方面陪伴小孩的時間也只剩下周末，因此Vivian把從事九年的工作毅然辭去，選擇在家接案子帶小孩。

雖然每月個人收入只有以前上班的一半，但是可自由運用的時間，卻多出了近三倍，Vivian從中體會到，人生當中的許多選擇，金錢不是唯一的考量，重要的是如何過出有意義的生命內容。

命運好好玩

　　【命運好好玩（Click）】是2006年由哥倫比亞影業所製作的電影，男主角為亞當山德勒（Adam Sandler），女主角則由凱特貝琴薩（Kate Beckinsale）擔綱演出，內容是描述一個建築師麥可紐曼（亞當山德勒飾），因為工作忙碌，無法兼顧到家庭，結果遇到一個怪怪的銷售員，號稱能賣一個超級遙控器，只要按一按鈕，什麼都能操控。

　　這個遙控器不只生活大小事能夠遙控，甚至還能夠讓麥可在他的人生中進行時光旅行，後來麥可活用遙控器讓他的事業有成，但是卻因此失去了家人，妻子因此改嫁，連一對兒女都叫別人爸爸，自己還得了心臟疾病而猝死，死前那一刻麥可領悟到在工作與家庭的選擇上，永遠要以家庭為優先。

　　所幸電影的結局是麥可回到使用遙控器前的生活狀態，因此他馬上決定要帶家人去度周末，而不是選擇繼續加班工作，因為他知道即使賺了很多錢，陪伴家人的時光是用錢買不到的。

事倍功半的工作

　　許多人往往把工作放在第一位，可以為了工作拼命加班，手機也24小時隨時開機，公司若有需要，隨時隨地都要回公司支援，像這樣的工作內容，或許短期間之內可以過，但是經年累月下來，我相信個人的人際關係、家庭生活甚至健康狀況都會受到影響。

　　工作與家庭的平衡，真的是許多現代人不可能的任務，畢竟不上班就沒收入，在都會區不多賺點錢，有時連生活費都會不夠用，我的許多朋友就經常抱怨：「賺的錢都不夠花，還每天經常加班。」「主管隨Call隨到，有時候即使生病了，還是要回公司解決疑難雜症。」

　　對此我給的建議都是盡量多做準備，例如把賺來的錢再拿去投資穩健的固定收益型商品，等到固定收益可以達到目前薪水的一半時，那麼就可以考慮轉為薪水較低，但是比較不勞累的工作。

　　最後，就是自己一定要找到「事倍功半」的工作，這樣的工作大多都是業務員或是創業當老闆，雖然一開始的工作內容非常辛苦，但是經由時間和客戶的累積，自己的體力和心力的付出將會逐步降低，而收入則是呈倍數增長。

豪小子心靈雞湯

不要為明天憂慮，因為明天自有明天的憂慮；一天的難處一天當就夠了。

（馬太福音 6：25-34）

擁有高收入的條件

■ 想要加薪，首先就是要先讓自己的表現讓老闆看到。

　　林書豪崛起後，富比世雜誌曾經預估，尼克隊可望因為林書豪多賺一千萬到兩千萬美元，還可以為整個NBA聯盟賺進約八千萬美元（約台幣二十三億六千萬元）利益，而林書豪個人的代言收入最多可以達兩千萬美元，而2012年當時林書豪的年薪只有七十六萬美元。

　　NBA選手可說是職業運動中，平均薪資最高的運動員，也因此全世界有成千上萬的籃球員，最終的目標的就是打入NBA，但是要擠入這窄門，除了努力之外，更多的是要讓自己的天份更早顯露出來，就像上班族想要加薪，首先就是要先讓自己的表現讓老闆看到。

了解公司的制度

　　每個人都想加薪，但是你知道你擁有加薪的條件嗎？我認為大家在向老闆要求加薪前，應該要多用功一下，至少要知道加

薪的一些基本條件，以免自己完全沒有準備好，就很急忙地要老闆加你薪水，老闆看你根本準備不周全，說不定還會批你一頓呢！

你知道公司的加薪制度嗎？

有的公司規定新人經過三個月試用期後，可以給予調薪，有的公司規定新人在進公司的第一年是無法領年終獎金，也有的公司規定要加薪或者是升官的資格，要以誰先進公司為準。

像這些公司的基本規定，都是你應該先去了解的，因為每家公司的狀況不一樣，而且你的工作內容不一樣也會影響你的薪水。例如若你是做業務工作，你的業績在短期內大幅提升，那麼老闆很可能會因為你的表現良好而加你薪水，但若你是做行政方面的工作，那麼老闆可能會覺得你對公司並沒有立即的貢獻，那麼自然會照著公司的規定走。

因此，在向老闆要求加薪前，記得先了解公司的制度，以免自己的資格根本不符合公司的規定，還去要求加薪，那就很自然會碰了一鼻子灰了。

了解調薪的行情

你知道你職位薪水的最高和最低的限度嗎？有些職位的薪水是沒有上限的，例如業務工作，可能底薪比較低，但是激勵的獎金很高，因此若是你有本事，讓自己的業績步步攀升，那麼自然可以讓自己的薪水越來越高。

有些職位的薪水是很固定的，例如會計、人事、行政助理等工作，都是薪水固定，但是調薪有限的工作，不過這些工作卻經常是大家找工作的優先選擇。

因為大家想要有一份穩定的工作，並且希望工作內容簡單不複雜，像這樣類型的工作，自然很難會獲得加薪，因為有太多人可以做這樣的工作，因此，有調薪行情的工作，通常都是業務性質的工作為主。

了解老闆的想法

你知道老闆對你的看法嗎？想要老闆幫你加薪，你一定要想辦法知道老闆對你這個人的看法，有的老闆很容易聽信其他同事對你的看法，當你覺得同事在講你壞話，你一定要懂得跳出來，為自己據理力爭。

或許你會覺得這樣會破壞同事間的關係，忍一下就過去了，但是站在老闆的立場而言，懂得跳出來為自己辯解的員工，其實是一個可塑造的好員工，因為這代表著為自己負責，也代表著以後會為公司負責。

有的老闆日理萬機，底下的員工上百甚至上千人，或許他根本還不知有你這號人物在，因此你一定要在某方面獲得老闆的眼光。

我有一位朋友，在人事部門當職員已經一年多了，但是因

為公司員工太多，進公司一年根本還沒跟老闆聊天過，因此她想了一個方法，讓老闆知道有她這個員工。

在那一年的公司尾牙，每個部門都被要求要表演一個活動，人事部門想了一個音樂劇，劇本很不錯，不過沒人想反串當男主角，因此我同事便跳出了來，自願擔任主角，後來演出的音樂劇大受好評，老闆因而認識了她。

過了半年後，人事部門的經理離職了，而我那位朋友直接升任擔任人事經理，老闆給予升遷的理由是，她在尾牙的表現突出，帶領了人事部門奪得不錯的成績，我相信她也能夠管理好人事部門，因而給予晉升。

因此，假使你目前在老闆的心中，算是一個小職員，但是你依然不可以氣餒，必須從許多小細節開始去努力，並且時常跳出來多做一點事、多付出一點，久了之後，老闆必定會了解你的重要性。

成功者的心靈雞湯

自己一定要找到「事半功倍」的工作，這樣的工作大多都是業務員或是創業老闆。

Part 7

一定要懂的行銷策略

責任的推卸不只反應出個人的道德與操守問題，
一個越強大、越有效率的工作團隊，越不應該出
現這種情形。

洞察先機

> ■ 行銷最高境界就是以先人一步的「創意」，來擷獲消費者的心。

　　行銷的最高境界就是以先人一步的「創意」擷獲消費者的心——「創造營銷」亦是奪取市場最根本的好方法。但前面也轉述過戴勝益先生的想法：在訊息傳播迅速的21世紀，再好的商品問世，馬上會引起其他同性質廠商的跟進，讓藍海變成紅海。

　　如此論述聽起來相當有道理，難道就代表後進的創業家沒有其他開拓新市場的可能了嗎？答案當然是否定的，因為搶占市場的方式，從來不會只有創造營銷與藍海策略兩條路而已——先機，無疑也能為創業者另闢蹊徑。

　　以臺灣的便利商店為例（此處必須先略過各企業是否投資大量廣告、深化消費者印象的行銷策略不談）：單以分店數量而言，7-11的在臺門市就多達將近5,000間，而全家到了2014年2月，也不過2,900多間，兩者數量差了將近一倍。

1
5
6

其次，若再把便利商店提供的服務品項列入考量——舉凡代收款項、送洗、訂票、集點活動……等等，幾乎多由7-11率先提出，全家只能緊追在後，無怪乎在臺灣提起便利商店，多數人的第一個回答都是「7-11」，其次才會是「全家」。但是任誰都沒想到，這種超商大哥與老二的排序，竟然被一台冰淇淋製造機顛覆。

2014年的情人節，全家推出草莓口味的霜淇淋，竟意外引起大眾的熱烈迴響，連媒體都爭相報導，讓全家成功奪回企業聲勢，終於甩脫「屈居老二」的印象。

如果深入研究的話，會發現全家早在六年前就試圖推動冰淇淋的銷售業務，卻因為機台清洗不易而反應不佳。可是全家團隊看準了臺灣炎熱潮濕的氣候，還有消費者的期待心態，經過百般嘗試，終至一鳴驚人。如今換成7-11尾隨其後，不少門市也跟著賣起冰淇淋。

回過頭來思考，好像還是有點讓人匪夷所思：這豈不是合乎了戴勝益先生所言，一夜之差，就讓藍海變紅海？但有趣的是，現在如果說起「超商的冰淇淋」，在多數消費者心中，回答不會是7-11，而是全家。

同樣的，當Apple推出第一代iPhone時，各大手機廠商莫不紛紛跟進，但Apple並沒有因為利潤被瓜分而倒閉。相反地，Apple股價不但水漲船高，其後每一代的iPhone幾乎瞬間就被搶

購一空，這是因為人們已經留下將「智慧型手機」與「Apple」畫上等號的印象。所以我們可以明顯發現，藍海與紅海已經不再是此類搶占市場手段的重點。

區區一臺冰淇淋機並非如iPhone般的驚人創舉，而且便利商店本來就有專門販售冰品的冰櫃，更別提臺灣各大夜市都有霜淇淋可買，消費者根本隨手可得此類商品。

如果要說全家率先挖掘別人沒察覺的消費者需求，未免有點言過其實。所以真正讓全家翻身的主因，在於他們做了其他同性質企業「沒有」做的事，並藉此讓消費者留下某種「印象」，即「企業形象」，這才是洞悉先機、搶佔市場的要訣。

這種「印象的開發」聽起來簡單，實際上做起來卻很困難，因為「先機」的奪取戰，某種程度上與創造營銷的概念有些雷同，但運用的元素卻是現已開發的營運模式或商品，以創造出1+1>2的價值。綜觀生活周遭，靠此創業成功的實例俯拾即是。

例如台東，在許多人心目中無疑是旅行的好去處，亦是臺灣觀光業十分蓬勃發展的區域，所以店家或廠商的蜂擁進駐，也是可以想見的事了。唯獨台東的鹿野鄉，近兩年雖以熱氣球聞名，吸引了不少觀光客，卻因為人口密度實在太低，平日的來往道路也只有砂石車和警車會經過，很難引起商家進駐的興趣。44歲的何寬倉反其道而行，五年前和妻子拋棄月薪十萬的生活，選擇在這裡的荒地開設咖啡廳Angel Mini Café。

Angel Mini Café的經營狀況當然並非一開始就扶搖直上，常常一天賣不到五杯的咖啡，月收入只有一萬多塊錢，甚至連當地人都覺得何寬倉夫婦很奇怪：「竟然在這種沒有人煙的地方開咖啡廳，應該過不了幾個月就打道回府了吧。」。

可是何寬倉堅信「沒有做不起來的生意，只有不用心的人」，因此深入當地居民的生活，用口耳相傳的方式創造口碑，成功讓在地人養成下班後來Angel Mini Café喝杯咖啡再回家的習慣。

多數人大概到此為止便覺滿足，但是對特別喜愛Mini車的何寬倉來說，認為自己可以做得更多，而且心中一直希望有天能夠將事業與興趣結合，因此特意將三輛不同顏色的Mini車停放咖啡店前，讓客人隨意合照，兼具吸引客人的效果；另一方面，因為台東一帶幾乎沒有專門維修Mini車的車行，何寬倉還熱心提供各路車友免費的「車體健康服務」。此舉不只讓全臺灣的Mini車車友成為死忠的支持者，也變成他最有力的免費宣傳。

一個原本甚麼都不懂的何寬倉，如今不但能說上幾句原住民語，更創造出每個月營收超過20萬、平均毛利率約四到五成的奇蹟。

Angel Mini Café就和全家的冰淇淋機一樣，靠的並不是驚為天人的發明，而是開發了別人並不看好的處女地。其他像中興保全將觸角伸至ATM提款機和居家專屬安全管家、統一超商

與三大物流公司的合作……等等，都是類似的「市場先機」概念。我們一樣可以想見在這些企業的創舉之後，一定也有其他同性質的業者搶著分食市場大餅，但不論是何寬倉的Angel Mini Café，或是中興保全的其他競爭者，都已經在當地人和許多支持者心目中，豎立不可替代的企業形象，讓人望塵莫及。

人脈就是錢脈：關係打好了嗎？

莫說商場沒有永遠的敵人，就算是在社會安身立命，我們也會盡可能避免與人「撕破臉」，因為我們永遠不知道現在這個和自己「不對盤」的同事或朋友，會不會在某些關鍵時刻成為貴人。尤其對創業新手來說，只要任何一個環節出了錯，都可能演變成失敗的危機。

所以對多數人而言，選擇創業的產業通常不會與個人的老本行差太遠，是一種降低創業風險的方式。既然如此，創業前後打交道的人——也就是負責「製造」的上游廠商與協助銷售的「通路」廠商，大概也會是同個圈內的人。

如果創業前因為工作關係便與這些廠商熟識，固然是好事，但不少人就是因為與廠商的關係友好，卻忽略了商人的最終目標：「賺錢」，而因此做出許多錯誤的判斷。例如很多時候與廠商的關係，都是建立在自己身後背著某某公司的名號。一但拿掉這層光環，對廠商來說，自己就只是某個創新品牌的負責人，卻不一定能讓他們看見「利潤」。當然從某方面來說，這是十分

殘酷的事實,人情冷暖大抵如是,畢竟「賠錢的生意沒人做,殺頭的生意有人做」是商人的本質。如何讓這些上下游廠商願意與自己合作,則是一門談判的學問。

如何與廠商「談條件」?

舉凡服飾、食品⋯⋯等等,世界各國都有人憑一己之力創造受人歡迎的商品。尤其在現代,透過店家的傳統銷售已經不再是主流,取而代之的是網路的崛起。許多民間品牌甚至因為良好的口碑,引起網友的爭相購買也多有所聞。此時讓我們假設一下:如果自己就是這種「網路爆紅」的經營者,為了增加利潤而尋求大廠商的合作,會如何與對方談條件?

很多人大概會說:「我希望商品包裝該如何呈現、通路要鋪在哪裡、毛利這樣分配⋯⋯」等等。這些條件都不過分,而且合情合理,但是因此被廠商拒絕的可能性也很高,理由在於很多人會忽略另一個可能性:自己的商品再怎麼好,該廠商或許還有其他更好,甚至更大的品牌與自己合作。相較之下,自己認為對方一定會接受的讓利,在對方眼中可能只剩下「蠅頭小利」。

舉例來說,賣任何商品都有風險。萬一商品銷售不如預期,會對廠商造成囤貨的壓力。這些增加的倉儲成本,該由誰來分擔?又如廠商的自有通路,可能是他花了十年時間、傾盡個人資金和人脈才打下的江山,如今自己僅憑不超過50%的利潤就想共享利益,廠商又為什麼要答應?

　　「要合作可以，看你拿得出多少誠意」，是很多人尋求廠商合作時最常聽到的一句話。如果搞不清楚這句話背後的真義，創業者永遠只會覺得「開出的條件已經很優渥了，為什麼還說我沒誠意？」。

　　生意一直都是用「談」的，當中一來一往的訣竅，就在於我們能不能從中窺見對方的「真正需求」——人與人相處時，都不見得把話說得露骨，廠商亦如是，所以對方的「真正需求」必須靠自己捉摸。

　　不過就是因為商人的本質即為「在商言商」，需求還是有其脈絡可循，可以大概從以下幾個面向探索：

利潤

　　即為淨利分享，是合作能否成功的「基本」，並非關鍵。說穿了，尋求與廠商的合作，就是「有求於人」，姿態當然不能太高。如果狀況允許的話，新進創業者應該盡可能釋出較大的利潤給對方，提升合作成功的機率。

成本

　　即為生產成本，當然越低越好。創業固然需要天馬行空的想法，但不能因此而「倚老賣老」，以為製造商品的訣竅掌握在自己手中、對方也有利潤可圖，便將成本轉嫁到對方身上，是許多新手創業者容易犯的錯誤。

作業

即為生產過程。任何商品只要多一道工，廠商必須付出的成本就會隨之增加，因此建議新手創業者在談判時，能從較簡單的商品開始。等到公司營運穩定，雙方合作一段時日、建立信任基礎後，再詳談其他較為複雜的商品。

風險

包括很多面向，會因產業不同而產生不同的風險，如前所述的倉儲即為風險之一。想當然爾，若能降低廠商風險，而且利潤豐厚，合作成功的機率當然較高。

「當你用一根手指指向別人，別忘了另外四根正指著自己」，這句話的意思是說我們在指責他人時，不能一味將過錯怪到別人身上，也要想想自己的缺點。

與廠商談判也是差不多的道理：當廠商不願意接受優渥的合作條件時，更多時候是因為對方感覺到我們的「自私」，我們卻不知道該如何站在對方的角度著想。前述攸關談判是否成功的四個面向，除了利潤之外，很少人會將成本、作業和風險納入考量。

如果能事先了解廠商的難處，合作時提出相對的配套措施或解決方案，當然才會讓對方感覺自己有「為自己」著想。待人接物如此，相同的道理亦能行遍天下。

洞察先機Branding（品牌）CIS（企業識別系統）與企業標誌（Logo）

■ 商品如何在百家爭鳴中脫穎而出，「品牌」往往扮演了決定的關鍵。

面對競爭激烈的市場與對手，各廠商旗下的商品幾乎大同小異。小至便利商店販售的洋芋片，就有品客、樂事與其他品牌；大至房屋選購，就有遠雄、國泰、太子、興富發……等建設公司。

當然，前面提過消費者的行為分析，很多人在選購時當然會優先把價格、功能、個人需求……等條件列入考量。但是即使幾經篩選，消費者最後能選擇的商品還是很多。

有趣的是，根據研究，商品如何在百家爭鳴中脫穎而出，「品牌」往往扮演了決定的關鍵。

甚麼是品牌？

　　品牌的英文Brand，出自挪威文的Brandr，為「燒灼」的意思。在早期的人類社會中，牛、羊、豬是經濟價值很高的家畜，人們便在這些動物身上打上烙印，藉此與他戶人家區分。

　　這種習慣延伸到中古世紀的歐洲，許多工匠習慣在自己打造的手工藝品烙印標記，方便顧客辨識商品的產地以及出自何人之手，更以此保障消費者的權益，這就是最早的「品牌」前身。

品牌為什麼很重要？

　　一如Apple率先開發智慧型手機iPhone，還有何寬倉的Angel Mini Café，甚至連我們常常看到某商家特別在招牌打上「老字號」或「自19XX營業至今」的字樣，代表這間店的商品一定好吃或好用，才能屹立不搖地經營長達數十年，都是品牌的一種形式。

　　我們不難發現，許多產業龍頭每年必須花費好幾百萬購買媒體廣告——甚至這些投入廣告的成本，遠大於企業研發新產品的人力、物力和資金，是因為他們深知在消費者要求越來越高的現代，商品的品質差別已經微乎其微，更顯出品牌印象的重要性。品牌一旦建立後，其所帶來的回饋，也就是獲利能力，很多時候雖然難以量化，但往往高於不停投入開發新產品的效益。

　　莫說不少企業主「短視近利」，對很多沒有品牌經營概念的人來說，「出一分成本、賺十分利潤」的商業模式不但更為淺顯易懂，而且站在商人「在商言商」的特質，立即性的金錢回饋更實際——把資金投入品牌，簡直就像把錢丟到水裡一樣愚蠢。

　　不少人在這種創業環境下，當然只知道把創業重點放在最容易評估能否賺錢的商品，卻忽略了創造品牌價值的重要性。這並不是說商品本身不重要，而是商品是否優良，本來就是影響創業能否成功的「基本功」。

　　商品讓客戶不滿意，企業當然就沒有往下發展的第一步。但是如果商品在市場獲得了好口碑，想要進一步擴大發展，一定要從經營品牌下手。

　　說起「品牌」兩個字，一般人的直接聯想，大概就是「公司名稱」，例如Coca Cola或PEPSI這種響亮的名號，不論身處世界何地，很少有人沒聽過這兩間公司的名字。

　　但在不為人知的背後，Coca Cola自1901年的廣告預算就高達十萬美金，也就是在一個世紀前，他們每年砸下300萬台幣經營品牌；Coca Cola的死對頭PEPSI，在1930至1950年代，雖然廣告預算只有Coca Cola的三分之一，但也有3萬美金，折合台幣將近100萬。也就是說，我們現在聽到、看到的Coca Cola和PEPSI，是他們努力創造「品牌」後的結果。一間徒具「名稱」的公司，如果不曾花費心力經營品牌，當然毫無任何影響力。

　　如果你覺得自己選購商品時，都以預算、功能性這種實際的條件出發，很少被品牌左右，那就讓我們假設一下：走進便利商店，發現架上放著「可口可樂」、「口渴可樂」、「可日可樂」的飲料，而且售價差不多的時候，你會選擇哪一罐？

　　少數人或許會基於嘗鮮或有趣的心態選擇後面兩者，但大多數人還是寧可選擇正宗的「可口可樂」，所以他們才能在美國取得超過40%的市場占有率，光是2001年的營收就高達兩千億美元，這就是品牌的力量。

　　品牌除了基本的名稱，還包括許多消費者不一定會注意到的精神象徵——品牌的故事和歷史、企業形象、價值理念、品質保證……等等。例如臺灣知名的速食店McDonald's（麥當勞）和MOS（摩斯漢堡）。

　　雖然賣的都是差不多的漢堡和薯條，但是我們卻可以很快地在10秒鐘內分辨兩者的不同之處：從企業標誌來看，McDonald's總是以紅底襯托黃色的英文字母M，MOS則以紅底配上白色的MOS字樣為主；以商品的製造流程而言，前者大多強調迅速且口感如一，並不會因為販售地點及國家的不同，製造出不一樣味道的食品。

　　後者則堅持現場製作，強調食材的新鮮度及在地化；從企業形象的角度出發，McDonald's對於孩童議題的貢獻總是不遺餘力，甚至成立麥當勞叔叔之家，至今已服務超過三百萬個家庭

的病童對抗癌症，更遑論世界各地的分店還能幫小朋友舉行慶生會；MOS則著重於用餐環境，像是對服務人員的要求，還有食品的美味、健康與安全的訴求為主，並且始終大力推動社會環境運動，諸如「一日蔬菜日」或「蔬食菜單」。

我們對這些企業的認知，大多透過企業內部的行銷操作而來，像是廣告的精神主題、贊助屬性、活動舉辦……等等，讓消費者在不知不覺中建立該品牌的印象認知。品牌的經營成功，除了能左右消費者的選購意願，還能開創另一條財路——加盟。

加盟

「加盟」是許多人創業前會納入考量的一個選擇，最常見的理由之一是只需要一筆加盟金，就可以分享該企業的技術與市場，讓許多創業新手以為只要備妥加盟金便萬事俱足。

但更多人不知道的是，加盟也有不同的合作模式，可以簡單分為以下三種：

自願加盟（Voluntary Chain）

國人較熟知的加盟方式為此種，即為準備一筆加盟金便可一緣創業夢想。不過事情往往不如大眾想像的那般簡單——每間企業酌收加盟金的方式不盡相同，有些規定每年必須按時繳交固定的費用，有些只要一次付清即可，以各企業規定為主。

　　加盟金的主要用途是讓總部派人指導訓練，所以也被稱為「指導費用」。訓練成果經過總部認可，才會允許展店。至於開店的費用，像是租金、水電費、儀器、員工薪水……等支出，都由加盟者自行負擔，總公司也不會干涉加盟店的營運狀況（不論是賠還是賺）。各店不但保有100%的營運自由，也不需要與總部分享利潤，是自願加盟最大的優點。

　　但是換句話說，就是因為總部不需要加盟店負責，有時候指導的過程難免較為鬆散。而且因為加盟店不用聽命於總部，也就是沒有統一的管理，可能導致加盟店良莠不齊、影響品牌的情況，是自願加盟的缺點。即使如此，台灣多數的企業仍採用此種加盟方式。

委託加盟（License Chain）

　　委託加盟正好與自願加盟這種自由度極高的加盟方式相反，加盟者只需支付一定的費用，其他像是經營所需的器材、儀器……等等皆由總部提供，所以店鋪的所有權屬於企業，還必須聽命於總公司；加盟者只有營運的權利，利潤也必須與總部分享。美國的7-11便以採用此種加盟方式為主。

　　雖然乍看之下，委託加盟會讓人感覺處處受限，但是因為企業總部的高度介入，就算營運失敗，總公司當然必須負一半責任，加盟者承擔的風險反而比較小，是建議加盟新手比較適合的入門方式。

特許加盟（Franchise Chain）

　　特許加盟是介於前述兩者的加盟方式。通常加盟者與企業總部必須共同分擔展店的費用，例如店內裝潢由加盟者承擔，總部負責生財設備。

　　雖然特許加盟也必須和總部分享利潤，但是因為加盟者負擔展店費用較高，利潤抽成的比例當然也比較多，而且對於店鋪營運也有部分的決定權。例如日本許多便利商店就是採用這種加盟方式。

加盟方式	展店費用	營運決定權	利潤分享	風險
自願加盟	自行負責	擁有100%權力	不須與總部分享利潤	營運方式自行負責，風險最高
委託加盟	較低	須受總部控制	必須與總部分享，利潤最低	由總部負責至少一半的營運責任，風險最低
特許加盟	與總部共同負擔	具有部分影響力	必須與總部分享，但利潤比例較委託加盟高	介於自願加盟與委託加盟中間

　　不論這幾種加盟方式的風險高或低，世界上本來就沒有100%穩賺不賠的投資。就算是風險最小的委託加盟，也不能代表完全零風險。例如前面我們提過的「葡式蛋塔」熱潮，即因為毫無限制地大開加盟之門，加上製作蛋塔的技術並不難學，很快就被同業攻堅，因此被競爭激烈的市場擊倒。

　　另一個臺灣較為知名的加盟品牌「鮮芋仙」，亦傳出不少的加盟糾紛。當中最為人詬病的，就是總部為了維持商品品質，要求加盟者必須只能向總部購買原料。並不是說鮮芋仙如此要求不合理，而且一般說來，企業的加盟店數越多，總部向上游供貨商的訂貨量越大，越有機會爭取較低的價格，亦即「以量制價」的策略。

　　但是鮮芋仙提供給各店家的原料價格，竟然比加盟者自己找其他廠商進貨的價格還來得昂貴，並沒有把握其「規模經濟」的優勢，致使加盟者紛紛退出加盟。身為消費者的我們，看到鮮芋仙分店一間又一間地開，又一間間地應聲倒閉，道理便在此。如何選擇加盟的企業，也是新手創業者的入門功課。

如何選擇加盟體系

　　做好足夠的事前功課，是為了讓我們做事時能事半功倍，加盟也不例外。如果說創業必須慎選行業，加盟就要知道如何慎選體系。以下提供幾個評估加盟體系的建議，作為創業新手的選擇方向：

已具相當規模的體系

　　一間企業可以做大，除了代表有認真維護其品牌及商品品質，也因為加盟的店數較多，不論採取哪一種加盟類型，都有較豐富輔導經驗。對加盟者來說，既然加盟金是無可避免的支出，當然選擇有經驗、品牌可靠的企業為主，亦不失為另一種保障。

同業的競爭能力

　　閩南話有句俗諺：「西瓜偎大邊」——剖成兩半的西瓜，一定是較大塊的比較甜，意旨人們投機取巧的心態，只想往較具優勢的一方靠攏，還有人因此衍伸出「西瓜效應」的說法。雖然有些人認為這是貶低的用語，但商場猶如殘酷的戰場，加盟第一品牌的企業，對消費者來說較具說服力，比加入名不見驚傳的企業來得吃香；再加上大型企業通常有較完善的團隊操作品牌及控管品質，被市場淘汰的機率較小，加盟者能永續經營的機會當然較高。

商圈保障範圍

　　三步一店、五路一間的便利商店，蔚為臺灣奇景之一。當然，便利商店有其特殊的展店計畫，但是同樣的模式套用到一般的加盟企業，對加盟者來說，只有扣分的效果。以辦公區的手搖杯飲料店為例：在一定範圍的街區，只要是在這裡上班的上班族，想要喝某個品牌的飲料時，只能到這間飲料店消費。

但是當這塊街區開了另一間相同品牌的飲料店時，因為在這附近的上班族數量並沒有增加，除了會導致消費族群被分散的現象，飲料店的營業額也會因此被瓜分。同一區域內相同品牌的商店越多，利潤分散的狀況會更嚴重。

換句話說，除非是非常特殊的品牌，大部分店家都有「商圈範圍」的限制。但是有的企業為了賺錢，只要有人想加入，根本不會顧及同一區域內是否已經有其他的加盟店。這對不論是舊的加盟者還是新人來說，其權力與利潤無疑都被犧牲，是選擇加盟體系前不可忽略的因素。

有無遵守法律規範

一間合法經營、通過政府認證的企業，代表的是負責任的態度與表現。新手加盟者可以檢視欲加入的企業有無經濟部商業司核准的執照、中央標準局頒發的服務標章註冊證，或是行政院公平交易委員會的不良紀錄……等等，從這些蛛絲馬跡都可以幫助判斷一間企業是否值得信任。

雖然我們並不能保證加盟這些擁有合法執照的企業就不會發生糾紛，但起碼可以降低個人權益受損的情況。

少部分連鎖企業即使擁有這些執照和標章，還是會因為諸多原因而與加盟者產生糾紛。建議加盟者務必把握「多聽、多看、多問」的三大原則，才能事先預防不必要的麻煩。

加盟簽約的注意事項

加盟是事關重大的商業合作，必須經過縝密的步驟，才能加入企業體系，因此簽約是無可避免的手續。

但是只要談到法律行為，很多人大概耳邊會響起「法律只保障懂法的人」這句話，擔心自己成為被欺壓的一方。其實加盟合約提及的事項大多大同小異，關注以下幾個重點，也能讓不懂法律的自己享有公平的加盟權益：

1.總部的合法文件

想要投資賺錢，當然要在合法範圍的許可內。如果欲加入的企業沒有經過政府的合法立案，即代表該企業在各方面都不值得信任，更不能因為低廉的加盟金而妥協，以免日後發生糾紛時求助無門。

此外，加盟時的簽約對象，必須確認是經過總公司授權的人，不然很可能之後合作不愉快，該企業可以用「簽約人概與本公司無關」的理由拒絕協商。

最重要的，莫過於「加盟」的意義即為「合法的品牌授權」，務必事先確認欲加盟的企業具有該品牌的商標權，才不會發生繳了加盟金、卻只能「非法盜用」品牌的事情。

2.加盟費用

因為我們時常聽到「加盟金」，讓很多人誤以為加盟時只要支付「一筆」金額即可。實際上，加盟費用共分三個部分：加盟金、權利金、保證金。加盟金是前面提過「總公司協助開店的費用」，例如自願加盟模式的企業會派專人訓練、委託加盟模式下的總部會請專人規畫營運事宜……等等，實際內容視各企業為主，無法一一詳述，於此略過不提。

權利金則為加盟店使用該品牌商標及商譽的費用。畢竟品牌經營非易事，哪怕是全球性的企業，當初也是傾注大量心力與資金才有今天的成就。想要不費一絲一毫就享受前人種樹的碩果，當然要付出相對的代價。

至於保證金，其用途可以被大概分成以下兩種：一種是總部為了確保加盟者會確實遵守加盟合約而預收的費用，概念類似於在外租屋的「押金」，通常會在合約結束、確認加盟者沒有違約行為時退還。另一種用途發生於加盟者手邊現金不足、必須向銀行貸款的情況，有些企業會用來當作替加盟者幫銀行擔保的費用。保證金的用途沒有一定的規範，端視各企業為主。

3.供貨價格

大多數的加盟總部會要求旗下加盟店使用的原料，只能向總公司進貨，不可以私下找其他廠商供貨，用意是希望維持商品

品質，不至於讓消費者在不同的店買到或吃到不一樣的商品，但這通常也是「加盟」最容易引發糾紛的癥結點。誠如前述提過「仙芋鮮」的案例，加盟店抱怨總公司的原料價格比其他廠商還貴，最後紛紛憤而退出加盟，也是雙方不樂見的情況。

其實在簽約前，加盟者可以要求總公司在簽約時提供一份「供貨價目表」供參考。雖然加盟者不太可能有機會與總部討價還價，但起碼能在事前更清楚地得知加盟企業的規定，比事後才發現這些細則、感覺自己「被騙了」來得好。當然，如果總公司的的供貨價格跟正常市價比起來貴得離譜，可以要求加註「得以自行進貨」的細項，是保護自己的簽約步驟。

4.商圈保障

前面提過有的企業為了賺錢，只要有人想加盟，即使同一商圈內已經有一間加盟店，仍會允許加盟。當然，如果總公司的保護範圍越廣，加盟者就越有利。不過為了自身權益，簽約前務必注意有沒有「商圈保障」的條款。如果沒有記載，加盟者可以要求加註。

5.競業禁止

加盟一般都有年限，例如規定只需要一次付清加盟金的企業，可能授權加盟的時間只有三年。三年之後，如果加盟者沒有續約，「加盟」行為當然無效。但是站在總公司的角度來看，他

們也會擔心加盟期間教給加盟店的技術與營運方針會被加盟者繼續沿用，損及企業利益及智慧財產權，因此多會加註「競業禁止」的條款，即為「加盟」合作模式取消後，加盟者在一定時限內不得從事和原加盟店相同行業的工作。

而且此舉經公平交易委員會判定過並非違法。也就是說，假設我們今天加盟鍋貼專賣店「四海遊龍」，加盟合約到期後，就不能繼續賣鍋貼。但是至於這競業禁止的「期限」應該多久才合理則見仁見智；而且每間企業規定也不盡相同，大部分多為一至三年的時間。如果時限太長，諸如五年、十年，加盟者簽約前務必考慮清楚，以免影響日後生計。

6.概括條款

任何白紙黑字簽下的合約，都不可能詳盡記載所有的規定與情況，因此合約中常見「概括條款」的用語，也就是「本合約未盡事宜，悉依總部管理規章辦理」的字樣。這句話的意思是說，「雖然加盟的管理規章沒辦法全部寫在這份合約上，但就算沒寫在這裡，還是要以總公司的管理規章為準」。

大部分人通常會無異議通過概括條款，但保險起見，最好還是在簽約前要求總公司將管理規章附在合約上作為附件，起碼日後有任何糾紛，還有查找的依據。一方面是如果連加盟者自己「根本連管理規章的內容是甚麼」都搞不清楚便貿然簽約，我們很難說這是一份公平的合約。

另一方面，則是管理規章一定是由總公司規定，所以只要合約中沒有註明的，總部都可以隨時或隨意放在管理規章，讓加盟者處於劣勢。小小的事前動作，總能在緊要關頭派上用場。

7.違約金

由於加盟契約多由總公司撰擬，當然對總部較有利，所以加盟合約往往僅針對加盟者列出違約條款，卻鮮少針對總部違約的部分提出說明。如果簽約前發現此類情事，加盟者其實有權對總公司提出「加註違約」的要求，並以總公司該履行的責任為主，越詳盡越好。

例如自願加盟模式下的總公司，應負擔派專人來加盟店訓練員工的義務；或是委託模式下的總部，本來就應該支付展店的費用，包括儀器、設備……等等。而且最後還要加註「如果總公司沒有做到以上這些規範」的罰則，才能確實保障加盟者的權益。

8.加盟糾紛

一般的合約通常會附註糾紛產生時，以某地的法院為管轄法院，例如臺北地方法院、高雄地方法院。這句話的意思是說，「有問題的時候，我們雙方都同意以某某地方法院作為主要的訴訟法院」。這句法律用語並沒有問題，但多數人常因此忽略兩件事。

首先，由於合約是總公司提出的，管轄法院通常就是總部所在的地區。如果加盟者是外縣市居民，一旦問題發生，勢必為了出庭而不得不在兩地舟車來回。

但是反過來說，總部也不太可能為了法律糾紛而派人到加盟者所在地的地方法院出庭。其次，根據實際發生過的案例而言，如果加盟者向總公司申訴糾紛無效，其實也可以請教消費者文教基金會和各縣市的消保管，所以我們不用因為看到合約上只寫「某某地方法院」就感到驚慌，找出其他同樣有效的申訴管道是另一種幫助自己的好方法。

9.加盟終止

以臺灣現在並非約定成俗的租屋習慣看來，房東多會在房客搬進來前酌收兩個月的押金。直到確認房客搬走，雙方確認對方沒有違約事項，房東才會完整地退回兩個月的押金。加盟也是如此——預付的加盟金包括了保證金，目的也是為了預防加盟者違反合約，所以當加盟者要退出加盟時，都會想著該怎麼樣才能拿回這筆錢。

既然如此，簽約前務必仔細看過「終止加盟關係」的規定，通常合約會詳細註明哪些行為明顯違反協議，例如競業禁止，切勿等到發現自己違反合約、拿不回保證金後才來尋求解決之道，通常事情發展至此，除非是加盟總部無理，不然大概也沒有其他的方法了。

　　如果加盟者沒有違反合約，也沒有積欠銀行貸款，大部分的加盟總部還是會原封不動地退還保證金。畢竟白紙黑字寫下的合約，只要事前仔細審閱、有疑問就提出，不但能明確保證雙方的權利義務，也是對自己的保障。

10.合約解釋與法院公證

　　大部分合約都會一式兩份，由雙方各憑一份為據。一旦加盟者手上沒有拿到簽完的加盟合約，務必主動要求加盟總部提供影本。一方面是加盟者本來就有隨時審閱合約的權力，另一方面，因為合約都是由總部提供，而且多數的加盟者並非法律專業人士，難免對當中的條文產生各式疑問。如果手上有一份合約影本，交由懂法律的人解讀也比較方便。最重要的，就是千萬不能只聽加盟人員的片面之詞，以免得不償失。

　　此外，加盟者還可以要求總部偕同合約至法院公證。許多訴訟之所以發生，往往是因為合約內容本身有錯誤、當事人之一對合約不明瞭，或是其中一方的約定疏失。

　　由於法院會有公證人確認合約內容，可以讓雙方在充分理解合約內容及效益的情況下簽署。再加上經過公證的合約，對當事人雙方皆產生拘束力，也有督促加盟總部履約的效果。當然，公證的好處不只如此。雖然多跑一趟法院看似麻煩，但是對處於弱勢的加盟者而言，無疑能給予更充分的保障。

3分鐘職場讀心術
定價NT250元

全彩圖解，銀髮族量身訂做

*系統性的規劃與分析

　　本書從防止身體衰老、保持健康、平衡飲食營養、運動健身、健康的生活方式、疾病預防的常識等方面，全面系統地為銀髮族做了最好的規劃與分析。

*實用、具體、生活化

　　精選出熟齡族面臨的健康問題，提出的問題內容以具體、生活化的現象來表現，説明因器官退化可能會產生的健康狀況，並提出簡易的改善方式。

*從各年齡層的身心狀態特點，提出保健養生的重點

20～30歲　越是黃金狀態，越要積極重視健康
30～40歲　壯年一族，要注意壓力及飲食調節
40～50歲　身體機能出現的衰退跡象，不可忽略
50～60歲　開創身心靈的第二春
60～80歲　優雅的老後人生

Enrich

老闆在乎的35種工作態度

定價NT250元

工作的態度，決定成功的速度

*讓自己樂在工作

　　忙碌的上班生活當中，總是充滿了大大小小的問題，唯有「用樂觀的心情面對生活，用積極的態度解決問題。」當大家都不想去做的艱難任務，自己想辦法去執行，就算失敗了，老闆也認為你盡力了，長期下來就能從團隊中勝出，進而加速自己成功的速度。

*讓讀者輕鬆了解職場上的生活之道

　　本書運用通俗化的語言、豐富的圖表，力圖讓讀者輕鬆了解新鮮人所該努力的方向，作者並用多年經驗分享在職場上的生存之道。

*最實用的商業技巧

　　此書要教會讀者的是一種很有效、很實用的商業技巧，能幫讀者找到工作、保住工作、快速升職，讓你的職場關係更和諧，順利闖出一片天，比別人更快速成功。

Enrich

用10%的薪水賺到100萬
定價NT280元

存股票,小錢致富DIY

*淺顯易懂的語言和圖表

本書大膽剔除了很多看起來很有用,但是實際中並沒有用的投資理論和道理,用通俗化的語言、大量的案例分析,力圖讓讀者最快速地解決投資股市初期的許多難題。

*從大趨勢判斷投資新方向

唯有判斷好股市的大趨勢,進而才是選擇投資的股票,而大趨勢的判斷最簡單也是最快的方式,就是研究股市的技術面。

*鼓勵投資者要有自己的想法

身為投資者,要想到買賣股票後,會有什麼樣的後續效益,不能只依靠明牌來下決策,必須要有自己獨到的看法和見解。

成功雲 17

出 版 者／雲國際出版社
作　　者／李天龍
總 編 輯／張朝雄
封面設計／艾葳
排版美編／YangChwen
出版年度／2015年3月

新手創業
第❶年就賺錢

郵撥帳號／50017206 采舍國際有限公司
　　（郵撥購買，請另付一成郵資）
台灣出版中心
地址／新北市中和區中山路2段366巷10號10樓
北京出版中心
地址／北京市大興區棗園北首邑上城40號樓2單
　　元709室
電話／（02）2248-7896
傳真／（02）2248-7758

全球華文市場總代理／采舍國際
地址／新北市中和區中山路2段366巷10號3樓
電話／（02）8245-8786
傳真／（02）8245-8718

全系列書系特約展示／新絲路網路書店
地址／新北市中和區中山路2段366巷10號10樓
電話／（02）8245-9896
網址／www.silkbook.com

新手創業第1年就賺錢 / 李天龍著.
-- 初版. -- 新北市：雲國際, 2015.03
　　面；　公分

ISBN 978-986-271-582-6 (平裝)

1.職場成功法 2.態度

494.1　　　　　　　103027935